现代城市滨水景观设计

尹安石　编著

中国林業出版社

图书在版编目(CIP)数据

现代城市滨水景观设计/尹安石编著. －北京：中国林业出版社，2010.3
“十一五”立项精品教材
ISBN 978-7-5038-5760-7

Ⅰ.①现… Ⅱ.①尹… Ⅲ.①城市-理水(园林)-园林设计-高等学校-教材
Ⅳ.①TU-986.4

中国版本图书馆 CIP 数据核字(2009)第 244542 号

出版 中国林业出版社(100009 北京西城区刘海胡同 7 号)
E-mail forestbook@163.com 电话 010－83222880
网址 www.cfph.com.cn
发行 中国林业出版社
印刷 北京中科印刷有限公司
版次 2010 年 3 月第 1 版
印次 2010 年 3 月第 1 次
开本 787mm×1092mm 1/16
印张 8
字数 180 千字
印数 1～5 000 册
定价 29.80 元

前　言

城市作为物质的巨大载体，它运用具体的形象为人们提供一种生存的环境空间，并在精神上长久地影响着生活在这个环境中的每个人。城市环境景观设计是一个庞大的体系，包括多方面的内容，其中很重要的一个方面就是滨水公共开放空间的景观设计。

随着我国城市化进程的加快和经济的迅猛发展，城市的各项建设正如火如荼地进行，城市的面貌发生着翻天覆地的变化，人民的生活水平较之前，无论从物质上，还是精神上都有了显著的提高。作为景观设计师，当我们面对日新月异的城市环境景观而欣喜的同时，内心阵阵疼痛，我们的城市正在丧失个性，变得千篇一律。这肯定不是我们所需要的结果。正如伟大的马克斯·米勒在一个黄昏傍晚徜徉于舞台时所讲："我知道你们在哪儿，我可以听到你们的呼吸。"对于环境景观的设计者来说，最主要的是从感情上去接近公众，而不是单纯地从自己的想法出发，是要在场地上作设计，而不是简单地在图纸上揣摩。

如今人们深刻地体会到物质生活达到一定丰富度后，我们对于精神生活的追求更显突出，开始更多地关注其生活的城市，从城市的历史文化到城市的生态环境等方面；人们的态度也发生了明显的改变，人们开始不仅仅满足于单纯的形式美以及简单的功能需求，他们认为自己的城市应该具有怀旧的、有历史感的、安逸的、愉快的、亲切的、惊奇的、舒适的景观"表情"。

城市滨水景观设计作为城市公共空间的一部分，以其开放性的特征在城市生活中发挥着越来越重要的作用，成为越来越多的人们休闲、交往、交流的重要场所。因此，在本书中，笔者以现代滨水景观的研究范围、发展概况、历史文化性、植物绿化、环境设施、公共艺术、照明系统等几大板块，以图文结合的形式详细地对这些开放空间设计的相关内容做了阐述。

在本书的研究编著过程中，得到了院系的大力支持。同时，王军围、朱春燕、黄滢、黄洁琼、李娲、仲崇粉、宋扬等硕士在本书的编著过程中做了很多工作，在此深表感谢。

尹安石

2009 年 6 月

于南京林业大学艺术设计学院

目　录

第一章
滨水景观的内容

第一节　滨水景观的主体——河流景观

自然水体的存在形式是多种自然力共同作用的结果：其中包括降水量、地表径流，土壤的运动、沉积、沉淀、澄清，水流、波浪以及各种生物的作用等。通过这些自然力作用而存在的水体，承载它们的则是河流这个基本容器。

通常的说法，认为河流是一个完整的连续体，上下游、左右岸构成一个完整的体系，连通性是评判河道空间连续性的依据。高度连通性的河流对物质和能量的循环流动以及动物和植物的运动等非常重要。而河流宽度指横跨河流及其临近的植被覆盖地带的横向距离。因此，连通性和宽度构成了河流生态系统的重要结构特征。

图1–1　自然河流景观

河流作为一种动态的环境构成要素，对周围的地表环境有侵蚀、搬运、沉积作用。可见河流生命的核心是水，命脉在于流动。河流中不间断的径流过程标志着河流生命脉搏的跳动，只有不间断的径流过程存在，才有沿河生态系统的良性维持。河流作为自然水体的代言者，对整个生态圈有着不容忽视的影响，它的生态功能逐渐被人们所了解并加以利用。河流的生态功能可归纳为生物栖居地、通道功能、水质净化以及对有害物质的阻挡。

生物栖居地是指植物和动物（包括人类）能够正常地生活、生长、觅食、繁殖以及进行生命循环周期中其他的重要组成部分的区域。内部栖息地和边缘栖息地是两个基本类型。从理论上说，内部栖息地在较长的时间内相对稳定。边缘栖息地则处于不同系统相互作用的地带，具有多变性。但是，不管是内部栖息地或是边缘栖息地，都是维持生物多样性的地区。同时，生物栖居地价值的提高还与河道的连通性和宽度成正比的关系，连通性的提高、宽度的增加，通常会提高生物栖居地的价值。

通道功能是指河道系统可以作为能量、物质和生物流动的通路。河道既是栖息地同时又是通道。河流既是植物分布和植物在新的地区扎根生长的重要通道，也是物质输送的通道。例如，洪水时植物被连根拔起，通过水流被重新移位，在新的地区扎根下来。以新换旧，不断更新。净化和阻挡功能是保持水质的途径之一。河道作为过滤器和屏障可以减少水体污染、最大程度地减少沉积物转移,常提供一个与土地利用、植物群落以及一些运动很少的野生动物之间的自然边界。物质的转移、过滤或者消失，总体来说取决于河道的宽度和连通性。在整个流域内向着大型河流峡谷流动的物质可能会被河道中途截获或是被选择性滤过。地下水和地表水的流动可以被植物的地下部分以及地上部分滤过。

河流的作用与功能，促使人类从游牧阶段走向定居从事农业生产，继而创造河岸文明，河流用其生命之水哺育了人类，以及农业和其他一切经济活动的兴起与发展。实践证明，河流是人类繁衍生息的发源地，孕育了丰富的历史和文化，滋润着人类文明的不断成长。对于河流人们无限感激，从古至今，无数文人志士咏河赞河，江水滔滔、急流瀑布，令人振奋。在我国，几乎每个城市都会有河流的踪迹，不管是人工河还是自然河流。在人们的心里，河流就是城市的根基、生命的血脉。可见，城市河流与人类有着密切的关系。人们享受河流带来的便利的同时，也在不断地改造着城市河流，如加固堤岸、修筑水坝，以满足人们对于供水、防洪、航运等多种要求。然而，改造是两方面的，一方面它给人们带来了巨大的效益；另一方面极大地改变了城市河流的结构和功能，造成一些生态环境问题，为了人与河流的和谐发展，为了河流能够更好的服务于人类，城市河流景观理念应运而生，这种现代生活所追求的新的景观设计已经证明，经过精心设计的河流景观，不仅可大大改善城市面貌，也可带来生态、环境、经济等效益。

河流景观的概念，简单地描述则是以河流为主体，对周边自然要素和人工要素进行改造和重新构建，形成开敞或半开敞的空间环境，起到美化城市、供人游憩的作用。这个概念仅仅强调了视觉上的感受，然而，随着景观概念的不断升华，它包含了多方面的内容。首先，地理学中把景观定义为“某个地球区域内的总体特征”，即一种地表景象，或综合自然地理区，或是一种类型单位的通称，如城市景观、河流景观等。其次生态学则把景观定义为人类生活环境中的“空间的总体和视觉所触及的一切整体”，把陆圈（geosphere）、生物圈(biosphere) 和理性圈（noosphere)都看作是这个整体的有机组成部分。可见对于景观的理解已经远远超过了视觉美学意义。河流作

图1–2 马来西亚首都西郊新政府景观

为构成环境景观的重要元素，它的曼妙的曲线，贯穿于城市之中，使空间环境富于变化。因此，河流景观的理解不能仅停留在“风景如画”上，还应该从更深、更广的层面去把握，扩大外延。特别是从景观生态的角度去分析，其中的关键是要重视河流景观巨大的生态功能和娱乐价值。人类对水边丰茂的植被，水中的动物、鱼类、贝类等有好奇心及亲切感。因为亲水性是人的本能。

通过对概念的理解，我们可以把河流景观分为自然生成的景观和人工构筑的景观。前者是指原始的水域及周边的景观，它包括水域、过渡域和周边路域。所谓水域景观基本是由水域的平面尺度、水深、流速、水质、水生态系统、地域气候、风力、水面的人类活动等要素所决定；过渡域的景观基本是指岸边水位变动范围内的景观，如平原湖泊湿地的形成、大片的苇草以及山区河流两岸、湖泊的周围大多是因为水位剧烈变动造成的裸露坡地；河流周边的陆域景观，主要是由地理景观所确定，如长江、黄河源头、长江三峡绝壁。但是，河流景观的构成不仅仅是河流本身的景物，人为景观也丰富了河流的空间，人们常看到的小桥、流水、人家，都是自然与人工的结合。

近年来，日本各地都提出了本地区的城市河流建设口号。概括说就是：清澈的河流——不断流、水质清洁；生动的河流——不呆板、不单调；多样的河流——能形成多样的景观和生态系统；独特的河流——能反映本地独特的景观、历史、文化、风俗；美丽的河流——充满鲜花，有人工景点，公园化；舒适的河流——凉爽、舒适，并能给市民提供休闲、娱乐、体育活动空间；文化的河流——充满文化、艺术、科学气氛，具有现代气息；生命的河流——生物多样性丰富，生机盎然；亲水的河流——人、水关系协调，引人入胜，便于人水亲近。

河流景观的建设是社会进步的体现，利用河流人造景观和自然景观的美感与质量来扩展城市的公共空间，使河流景观成为历史的纽带和城市的舞台，以此把城市精神融于河流景观之中，由精神缔造出生命之根，通过河流景观进行传递，挖掘历史，展现民俗文化，开拓城市视野，使河流两岸的风景有机生长，并展现城市创新、自立、开拓、和谐的现代风貌，也为生活在大都市的忙碌的人们提供精神或物质的享受。

第二节　滨水景观的概念

鉴于河流对人类文明孕育和发展的重要作用，人类开始利用河流，同时美化河流及两岸的环境。用人工或自然符号建立具有安全性、自然性、生态性、观赏性、文化性、亲水性的健康河流景观。因此，河流的滨水地带就成为城市变革、文化发展的产物，而滨水景观设计成为河流发展的主旋律。

滨水一般指水陆交界的边缘，滨水区则是构成公共开放空间的重要部分，是城市中一个特定的空间地段，指“与河流、湖泊、海洋毗邻的土地或建筑；城镇临水体的部分”。具体说就是由城市到水域而形成的过渡空间，既是陆地的边沿，又是水体的边缘，包括一定的水域空间和与水体相邻近的城市陆地空间，具有自然山水景观和丰富的历史文化内涵，是自然生态系统和人工建设系统相互交融的城市公共的开敞空间。水滨按其毗邻的水体性质的不同，可分为河滨、海滨。

营造滨水景观，即充分利用自然资源，包括河床、沙滩、礁石、滩涂和相应环境下生长的江苇等湿生植物群落，要尽可能地加以保护。把人工建造的环境和当地的自然环境融为一体，增强人与自然的可达性和亲密性，使自然开放空间对于人类、环境的调节作用越来越重要，形成一个科学、合理、健康而完美的格局。因此，可以这样认为滨水景观是一系列有关的多种元素和人的关系的综合，它具有一定的秩序、模式和结构，影响和促进人与外界世界及形态要素之间的联系作用，使处于其中的人们产生认同感，把握并感知自身生存状况，进而在心理上获得一种精神归宿。查尔斯·摩尔说："滨水地区是一个城市非常珍贵的资源，也是对城市发展富有挑战性的一个机会，它使人们逃离拥挤的、压力锅式的城市生活的机会，也是人们在城市生活中获得呼吸清新空气的疆界的机会。"滨水空间是重要的景观要素，是人类向往的居住胜境。水的动感、平滑又能令人兴奋、平和，水是人与自然之间情结的纽带，是富于生机的体现。

滨水空间的两个特征是线性特征和边界特征，它们使滨水空间成为形成城市景观特色最重要的地段，滨水边界的连续性和可观性十分关键，令人过目不忘。对于现代城市滨水景观的设计，可以说在整个景观学各类学科中无疑是最综合、最复杂，也是最富有挑战性的一类，因为它涉及的内容广泛，包括陆地上和水里的，还有水陆交接地带和濒河（湖）湿地类，这样与景观场地规划与生态景观学关系就非常密切，而这两门学问正是现代景观学内容中的核心内容。

当前的热点是建设水绿生态网络，形成生物通道，同时满足景观和生态的要求。滨水环境形成独特的风格，体现城市的文化底蕴。在保存历史水文化的同时，还应当将现代技术、文化、观念引进碧水区的建设中来，创造现代社会人们所向往的滨水空间环境。现代滨水区已是城市设计元素，也是城市体验的总体特征。

第三节　滨水景观设计的内涵

开发滨水地区的直接产品是城市环境面貌的改善，这包含了多方面的内涵：第一是改善滨水地带水体的生态环境，滨水区是典型的生态交错带，开发时关注的不应只是表面的繁荣，而应考虑生态环境的可持续性；第二是提升城市的历史文化内涵，利用滨水地段遗留的历史建筑是一个有效的手段；第三是增加公共开放空间，开发滨水地区本质上是为提高城市的素质，公共开放空间的质和量是衡量一个城市素质高低的重要指标，滨水区的开发应特别注意营造公众共享的绿色开放空间；最后，城市魅力的体现，很大一个因素在于优美的城市环境设计，如滨水的城市轮廓线、滨水节点以及无阻挡的视线走廊等。以上提到的多方面的内涵无不和城市滨水景观设计相关，由此可见合理地进行滨水景观设计对于整个城市景观品质的提升和市民休闲空间的丰富都有很大的帮助。

城市滨水区的开发建设是项复杂的综合工程，滨水景观设计仅仅是其中很小的一项

图1-3　江南水乡古镇水景

图1-4　南京夫子庙滨水风光带

内容，但其对整体的滨水环境乃至整个城市的环境都有很大的影响，因此越来越多的城市在滨水区建设时都留出了足够的空间用于滨水绿带建设。滨水带由于防洪要求、预留空间大小等的不同往往被设计成不同的形式，例如滨水步行道、公园、广场等，因此在景观设计时须根据场地的具体情况及滨水区在城市中的地位、作用等进行具体分析，然后确定其景观形式，进而再进行深入的设计。

滨水区景观设计内涵就是将滨水区景观的组成要素包括水体、驳岸、植物、构筑物以及各类景观小品等进行梳理和整合，使其在满足生态、经济的前提下，提供给人们景观优美、满足人们亲水天性的多样的开放空间。这其中很关键的一点在于滨水区景观要和城市的整体景观相协调，最好还能发挥优势起到画龙点睛作用。

滨水区景观设计的核心内容在于对滨水区自然要素“人化”的过程，通过对滨水区这一中介景观的组织与构成，使宏观的城市山水伸入微观的人居环境。其中人化在尊重滨水区特有自然规律的前提下，以开发滨水区景观为主导，并以其生态效益、经济效益、社会效益为核心，通过滨水区的景观有机融入城市整体景观设计之中，使尊重自然和人的活动达到统一和谐的境界。

第四节　滨水景观的综合价值

人们对水有着与生俱来的亲切感，城市中的水体象征着文明与灵性。它的波光，渲染着城市的生机与艺术的魅力；它的风韵、气势、清音，能给人以美的享受，引起人们无限的联想；它较之任何一种自然物，都更能深刻地显现人类历史文化的内涵和外延。多数城市不仅起源于滨水区，它的未来发展也直接受到水的制约。可以说，滨水区对于城市的生态、景观、文化及娱乐等方面皆有积极作用。

（一）生态价值

城市滨水区通常由于自然条件较好而成为城市发源地，水陆生态系统交汇是这一地区明显的生态特征，同时受到这两种生态系统的共同影响，因而往往体现出较强的生态敏感性。而且城市滨水区又不同于一般的滨水区，它受人工干扰因素较多，因而是一个多元的人工生态系统。

“水为万物之源”，作为城市的命脉，城市滨水区维护着城市生命的延续，不仅承载着水体循环、水土保持、贮水调洪、水质涵养、维护大气成分稳定的运作功能，而且能调节温湿度、净化空气、吸尘减噪、改善城市小气候，有效调节城市的生态环境，增加自然环境容重，促使城市持续健康地发展。就以杭州西湖为例，她带给人们的不仅仅是其西子般的美丽，她如同城市的绿肺，对整个城市的生态环境有很大改善作用（图1–5）。在保护生态环境，提倡生物多样性和可持续发展的今天，对于城市滨水区的保护、合理开发和利用显得尤为重要。

（二）实用功能价值

滨水区之所以会成为城市的发源地在于其便捷的灌溉、运输、排涝等功能。在我国传统的构成理论中也早有“依山者甚多，亦需有水可通舟楫，而后建”之说。滨水区对城市的繁荣和发展具有极大的促进作用。我国东部的沿海城市之所以城市化发展较快，除去其他的一些因素和条件，其中不容忽视的一点在于其优越的港口优势。从杭州城市发展过程来看，京杭大运河对杭州的城市发展做出了极大的贡献，虽然近年来其航运功能逐渐衰退，但其历史上的辉煌是不可遗忘的。在城市化进程快速发展的今天，随着城市功能的转变和其他诸如公路、铁路、航空等交通方式的发展，使人们对于水陆运输的依赖逐渐减退，但我们也应当看到它有其自身的优势，可以肯定，在今后水路运输仍将是城市交通运输系统的重要组成部分，或者水上公共交通会随着滨水景观的改善而逐渐受到人们的欢迎。

图1–5 杭州西溪湿地景观

与此同时，我们也可以切身感受到，随着人们生活水平的提高，人们对生活品质的追求也越高，各项社会活动积极展开，其中也包括了很多滨水及水上活动项目，例如垂钓、滑水、游泳等，这些都是滨水区的实用功能价值方面的体现（图1–6）。

图1–6 深圳大梅沙海滨公园

城市水系空间格局，以及水体的水质、水量直接影响着城市的生产、生活和未来的发展。再以杭州城市发展来说，随着杭州新的城市中心区滨江新城的确立，杭州从西湖时代跨入了钱塘江时代。由此可见，滨水区的开发利用、水系的流经路线和水质水量对于城市设计来说是决策的关键因素之一，也是城市更新与发展的制约因素。

（三）历史人文和景观价值

几乎所有的文明都起源于滨水地区，如尼罗河流域的古埃及文明、地中海流域的古希腊文明和黄河流域的中华文明。孔子曾言“智者乐水”，道尽了对水的理解，可以说“水是中国人智慧的催化剂、是中国人精神生活的源头、是中国人一切文明的原动力”。凯文·林奇在《城市意象》一书中说：“世界上许多著名城市都苦恼于周边地区的千篇一律，毫无个性的蔓延。”林奇通过对城市意象在物质形态上的理解，将其归纳为五种元素——道路、边界、区域、节点和标志物，这些元素在当今的城市设计中不断重复出现，如何塑造有特色的城市景观关键在于抓住一个城市最有特色的元素，将它放大，运用到城市设计中，任何物质的元素都可以复制，但是一个城市的历史文化是独一无二的，特别是一些滨水城市往往具有深厚的文化积蕴和丰富的物质文明，其滨水区域多数凝聚着当地的传统建筑文化，因而可以将滨水区域保护并更新利用，使其成为展现当地传统特色文化的窗口。图1-7为典型的江南水乡——绍兴古城的风貌，现代城市滨水景观设计的灵感多源于此。

图1-7　江南水乡小镇水景

城市中的水体以其活跃性和穿透力而成为景观组织中最富有生气的元素。城市滨水区是城市主要开放空间，和其他开放空间相比较而言，它显得独具魅力，可以说它是城市居民基本的活动空间，是表现城市形象的重要节点，也是外来旅游者观光活动的主要场所。由此可见，城市滨水区对于营造独特魅力的城市景观具有不可忽视的作用。从当今世界上最具吸引力的城市来看，仍大多数是滨水城市，如纽约、悉尼、布里斯班、威尼斯、香港、上海等，它们以其充满活力的生活工作环境和日新月异的面貌吸引着世人的目光。在寻求城市特色化、个性化、经济化、全球化的今天，对滨水区的合理开发和更新，对塑造独具特色的滨水城市形象具有不可替代的景观价值。

第二章
滨水景观的历史进程

第一节　滨水景观的发展

滨水景观的发展肩负着大规模城市更新的职责。21世纪成功的城市不仅要提供财富增长的机会，而且要迎接社会的、文化的、科技的、环境的和美学的多方面变革。水域孕育了人类和人类文化，成为人类发展的重要因素，并且是公共开放空间中兼具自然景观和人工景观的区域，对于人类的意义尤为独特和重要。在以水为核心的各种成就中，城市滨水开放空间能满足人们亲水的天性，具有其他类型开放空间不可比拟的优势。例如，以线性空间为主，局部放大串接不同的空间布局方式，使其滨水形式更为灵活，更符合现代人生活的需求，并可以明确体现我们的时代精神：古老而又经典的、以水为主题的休闲区域；未开发的和进行过环境恢复的生态区域；人类聚居地的创新研究。

我们所了解的传统的水利建设可以用“兴利”和“除害”两大内容加以概括：兴利是以水资源的开发和利用为主要内容，如水力发电、城市用水、农业灌溉、航运等；除害是以防洪除涝为主要内容，如修堤筑坝、疏通河道、挖河导流等。但是随着社会经济的进步和发展，一方面是水域污染日益加重、生态环境急剧恶化，另一方面是社会对于改善水域环境的要求日益高涨。面对这样的矛盾，以改善水域环境和再造生态系统为主要目标的现代滨水景观建设开始实施。那么城市滨水景观的建设就要充分考虑到城市居民的要求，根据河流的功能区划，分别形成自然景观区、休闲娱乐区、人工景观区等。建设一些与城市整体景观相和谐的滨水公园、音乐广场、游艇码头、观景台、赏鱼区等，使城市两岸周边的空间成为最引人入胜的休闲娱乐空间。

图2–1　国外海滨景观

滨水区开发在西方国家经过了几十年的发展，积累了丰富的理论和实践经验，多数学者是从城市规划的宏观角度进行滨水区开发、滨水区城市设计等方面的研究。我国从20世纪90年代起开始对滨水区研究并受到重视，从滨水区总体开发和规划到滨水景观设计等的研究中，提出了滨水区景观规划设计的理念：一是体现以人为本的核心理念。从普通市民角度切入，关注市民的可达性、亲和性，特别是关注老幼残疾人的特殊人群要求，让市民参与规划，创造满足市民多样需求的滨水空间。二是创造宜人的都市意向感知空间理念。从城市设计入手，弥合支离的城市片断，结合远处高山，近处的建筑及公共设施，使滨水空间与背景融为一体，焕发城市活力。三是重现“回归自然”的生态理念。从完整的生态系统把握设计，保护水生生物和野生动物的栖息地，维护生物的多样性，增加景观异质性，实现滨水区的可持续发展。四是形成多元化的地域文化理念。以人与自然和谐共生为载体，延续城市的历史与文脉，创造与生态融合的多元地域文化。为此可以把滨水景观建设成为，一方面要通过内部组织，达到空间的通透性，保证与水域联系的良好的视觉走廊；另一方面，展示城市群体并给景观提供广阔的水域视野。这也是一般城市标志性、门户性景观可能形成的最佳地段。同时，城市滨水景观带又是最能引起城市居民兴趣的地方，因为“滨（沿）水地带”对于人类有着一种内在的、与生俱来的、持久的吸引力。

第二节 世界城市滨水区开发历史进程

作为生存、灌溉和运输的自然资源，水与人类文明的起源有着密切关系。世界上最早的城市出现在大河两岸及其与海相会的河口湾地区，如尼罗河流域的埃及，两河流域美索不达米亚平原的巴比伦波斯，恒河流域的印度以及黄河、长江中下游的中国城镇等。当今世界超过100万人口的城市，60%分布于沿海地带，尤其是河口海岸平原区。城市发展的早期，河流成为城镇防守的天然屏障，沿河、湖、海的村镇聚落逐渐地发展成为大城市。纽约、悉尼、里约热内卢、威尼斯、东京和中国的香港、上海、苏州、青岛等城市都是因其滨水特征而享誉世界。

中国古人注重风水理论在城市的选址、布局中的应用，城市多与水息息相关。由于城市依水系而发展，商业贸易随水系而繁荣，沿江、滨海的古镇、水埠，自然地构成人们聚集、交往、贸易、停驻的所在，以此基础发展而来的滨水区逐渐成为城市的诞生地、文明的起源点。工业革命后，水运港埠及其滨水地区逐渐成为城市中最具活力的地段，许多城市中心区、港口、工业和仓储业等大部分滨水而居。以北美为例，在铁路出现之前，城市几乎都位于航道之上，如美国的纽约、波士顿和巴尔的摩，加拿大的蒙特利尔等城市。

第二次世界大战后，随着许多大城市工业的郊区化和城市航空、铁路和公路运输业的发展，原来繁荣的水运事业逐步衰退，但许多河、海沿岸昔日的港口、码头等各种作业性构筑物仍长期占据着滨水空间，与此同时城市湖滨地带也随着城市人口的膨胀逐渐被填没或被包围，由此带来的一些显性的和潜在的危机反作用于城市，使城市生态环境逐渐恶化，城市的生存和发展面临着重重困难。城市滨水地区成为人们不愿接近乃至厌恶的场所，无论是在阿姆斯特丹，还是在伦敦、纽约、新加坡都是如此。不仅如此，第二次世界大战炸毁了交战国许多城市的港口和滨水工业地区，给人们留下了残破的废墟和大片需要重建的滨水区土地，如柏林、鹿特丹和横滨等。

滨水地区是城市中主要的开放空间，其开发涉及工程、交通、景观、环境等诸多问题，涉及众多部门、团体的利益和矛盾，是城市土地开发中最复杂、最困难的地段之一，也是城市规划的重点和难点之一。20世纪70年代开始，城市滨水区再开发成为人们关注的焦点，许多城市掀起了新一轮建设滨水区的热潮，随着再开发的进行，越来越多成功的经验并运用到开发中，使得城市的滨水区呈现出空前的繁荣景象，优美的绿色滨水步道和其他各类开放空间相结合提供给人们休闲的空间，成为城市中人气最旺的场所之一。

美国巴尔的摩内港紧邻城市核心查尔士中心，用地12.8公顷，环绕内港港池。20世纪60年代初仓库占据主要滨水区位。70年代后，随着港口的集装箱化和深水化，这一港区逐渐被弃置。随着巴尔的摩城市中心更新的展开，内港毗邻市中心地段依托良好的滨水区位，建设了凯悦、23层查尔士中心南楼、联邦大厦、11层内港中心、地铁站以及10余幢其他办公楼。按总体规划及城市设计，在原加登船坞改造的奥丽公园设计了内港海上入口和环港滨水大道，联系序列公共空间直至对岸体育中心，形成毗邻市中心的富有生气的滨水公共活动中心空间。巴尔的摩内港与旧金山北部沿海滨水区、波士顿滨水区、纽约百特里商务园区等，成为国际滨水区结合城市中心开发的先导性范例，有力地推动了亚太地区更广泛、更大规模的开发热潮。此外，伦敦的圣·凯瑟林码头区的整治、悉尼林达港的改建、横滨21世纪滨水区的开发建设都是城市滨水区开发建设的范例。与此同时，一系列与滨水区开发有关的国际会议也相继召开，如横滨滨水区（MM21，86）国际会议、大阪1990年的国际水都会议、威尼斯1991年水上城市中心第二届国际会议、上海1993年第二届国际水都会议等。城市滨水区的开发和更新建设为城市的发展注入了新的活力，对于城市整体景观的提升具有重要作用。

图2–2　无锡鼋头渚滨水景观

第三节　我国城市滨水区再开发的必然性及其开发现状

我国城市在近年来的建设高潮中往往较多地考虑经济的发展和人民物质水平的提高，而忽略了工业和其他各类建设对环境带来的负面影响。因而也就出现了建设失控、过度捕捞、环境污染、水土流失、生态失衡等一系列问题。城市滨水区作为城市文明和经济的发源地在城市建设大力开展的同时，由于过度开发和污染的过量排放，众多矛盾和问题暴露无疑，诸如许多城市滨水区的环境容量和生态承载力不堪重负，生态系统遭到破坏，而河道堵塞、水域减少和过度的人工作用又使得滨水区生态结构失稳，最终致使城市整体生态系统失调；另一方面，一味地追求功利的开发，侵吞了城市仅有的水空间，优美的生活岸线受到污浊的工业区的排挤，造成了人与水的疏离，或者由于滨水房地产的开发，致使城市滨水区成了少数楼盘的私家领地，丧失了其原本的开放性的特征。

随着我国经济的进一步发展、经济全球一体化的影响以及国际间城市竞争的日益加剧，国内很多城市都关注到了滨水区开发这一世界性焦点问题。近几年来一些城市特别是个别经济发达城市的滨水建设取得了一定的成绩，但从目前我国滨水区整体开发情况来看，仍面临着严峻的形势和艰巨的任务，尤其是城市滨水区在开发过程中缺乏整体观念，目标单一、手法单调、滨水区面貌雷同，无法展现滨水特色和城市风格。此外，滨水区建设的理论研究对于实践指导作用没有充分发挥，导致实践过程中带有较大盲目性。因此，我们在以后的开发过程中要逐步统一认识，加强滨水区开发的理论研究；提出综合性的开发目标，充分发挥滨水区潜力；针对滨水区开发投资大的问题，组建强有力的开发执行机构，吸引各类投资；加强监督，鼓励市民参与滨水区建设。

图2-3　无锡鼋头渚滨水景观

第三章
滨水景观水文化

第一节　东西方水文化的历史

中国地大物博，山川秀美，有黄河、长江两大水系孕育中华儿女，并且各种资源丰富，为人们提供了充足的生活条件。古人在长期的生活实践中，产生对自然的崇拜。于是中国古典园林自然而然成为“模仿自然，高于自然”这样一种艺术形式。中国构筑了水文化的丰富内涵，在我国悠久的古代园林史中占有重要的地位。

我国古代把水作为人生的思考对象，由春秋战国时期的老子开始，在他构建的哲学观念中提出来，并从理论上加以阐述。老子时代的哲学家们已经注意到了人与外部世界的关系，面对自身赖以立足的大地，人们的悲喜哀乐之情常常来自自然之水。

孔子进一步突破自然美学观念，提出“知者乐水，仁者乐山”这种“比德”的山水观，反映了儒家的道德感悟，实际上是引导人们通过对山水的真切体验，把山水比作一种精神。有智慧的人通达事理，所以喜欢流动之水；有仁德的人安于义理，所以喜欢稳重之山。这种以山水来比喻人的仁德功绩的哲学思想对后世产生了无限深广的影响，深深浸透在中国传统文化之中。去反思仁、智这类社会品格的意蕴。此时水已经被赋予人的情感与品行。此外孔子又是一个对水情有独钟的人，“君子见大水必观焉”，江河荡荡孕育了他高深的智慧。孔子用周流不滞的水引发他无限的哲理情思，触发他深沉的哲学感慨。人们以山水来比喻君子德行，“高山流水”自然而然就成为品德高洁的象征和代名词。人化自然的哲理又导致了人们对山水的尊重，从而形成中国特有的山水文化。在中国园林史的发展中，从一开始便重视理水，成为中国园林发展中不可或缺的要素。

图3–1　中国江南水乡景观

中国自然山水园林传入英国，带来了英国自然风景园林的出现；传入日本，与日本文化及其实际结合，于是出现了风靡一时的日本园林和“枯山水”。

图3-2　杭州西湖景区水景

搜寻中国的文化典藉，几乎所有有史记载的文字，都蕴涵着丰富的水文化的内容，对水的描写、吟哦、歌咏，也一如那些被视为永恒的题材，成为世代文人笔下旷古不衰的文学母题。一部中国文学史，倘从水文化的角度去审视，说它是渗透着水的精髓的人类文化史卷，亦绝非是一种牵强之谈。《山海经》载“女娲补天”、“精卫填海”、“大禹治水”的故事，民间口传文学所述，远古洪荒，洪水滔天的传说，如今看来虽是一种神话的感知，但这种原始智力所独有的文化体认，仍可使我们感悟到水文化的内涵。及至《诗经》时代，无论是《周南》里的《关雎》、《汉广》，《秦风》中的《蒹葭》，还是《魏风》中的《伐檀》，《卫风》里的《河广》，其写爱情、描现实、言思乡，已明显是表现出寓情于水、以水传情的文化取向，遂使“关关雎鸠，在河之洲，窈窕淑女，君子好逑”，“ 蒹葭苍苍，白露为霜。所谓伊人，在水一方”这样的诗句成为千古绝唱，至于其后的《庄子》、《楚辞》、汉代的乐府民歌、诏风宋韵、明清小说，也莫不在描情写意上，因水得势，借水言志，以水传情，假水取韵。正因为如此，水文化的源流才川流不息、百川汇海，在有着五千年文明历史的华夏文化中占居特殊地位并进而构成人类文明史中光辉夺目的一页。

西方的园林文化传统，可追溯到古埃及。埃及地处沙漠，水资源极度匮乏，所以十分重视水的作用，在园林中心一般设置水池。水在阿拉伯人所信奉的伊斯兰教园林文化中扮演重要角色，是阿拉伯文化中生命的象征与灵感的源泉。在伊斯兰教园林中，水常以十字形水渠出现，分别代表天堂中的水、酒、乳、蜜四大河流。如中世纪时著名阿尔罕布拉宫狮子院中的十字形水渠，流动不息的水给人生命无限的遐想，静止不动的水给人带来安宁的情绪。

毕达哥拉斯曾经说“万物‘水’居第一”；耶稣撒向上帝选民的是“活水”；水——生命之源、农业命脉、工业血液。水，作为自然的元素，从一开始便与人类生活乃至文化历史形成了一种不解之缘。古埃及的文化、巴比伦的兴衰、古希腊文明的璀璨以及东方两条巨龙长江与黄河的滋润，无不验证了水文化的发展进程。水，以其原始宇宙学的精髓内涵渗入人类文化思想的意识深层，在漫漫的历史长河中，伴随着人类的进化以及对自然的认知，由物质的层面升华到一种精神的境界。

水，作为自然的元素，生命的依托，以它天然的联系，似乎从一开始便与人类生活乃至文化历史形成了一种不解之缘。纵观世界文化源流，是水势滔滔的尼罗河孕育了灿烂的古埃及文明，幼发拉底河的消长荣枯明显地影响了巴比伦王国的盛衰兴亡，地中海沿岸的自然环境，显然是古希腊文化的摇篮，流淌在东方的两条大河——黄河与长江，则滋润了蕴藉深厚的中原文化和绚烂多姿的楚文化。

图3–3 法国巴黎凡尔赛宫广场雕塑

水，以其原始的精髓内涵渗入人类文化思想的意识深层，在漫漫的历史长河中，伴随着人类的进化以及对自然的认知，由物质的层面升华到一种精神的境界。

第二节 景观水文化与现代演绎

中西传统园林到现代都经历了一个重大的转变。随着民主思想的深入人心，公共园林与景观基本取代过去只有富人与贵族特权阶级才享有的私家园林。园林中的水法也转化为现代水景艺术，被运用于各种公共及私人空间。

在中国，水景最多运用于住宅区园林化室外空间设计，在创作手法上多是相对汲取东西方造园手法与要素，基本上是对古典园林的模仿与微缩；而在西方国家，除了私人拥有的花园水景在技术进步的支持下在形式和艺术方面有很大发展之外，公共场所的水景设计更受重视，成为城市公共空间的一道亮丽风景，融入更多现代设计手法及理念，注重创意与构思，蕴涵了更多人性的、自然生态方面的探索。

现代水景的设计是对传统园林水景艺术的继承以及现代环境景观艺术的重要组成部分，可分为庭园水景和公共空间的水景两类。现代水景设计既有对传统理论及方法的继承，也突破了传统理水的形式及内涵，体现出现代环境艺术的成就，体现了现代人的哲理思考、精神状态、生态及人文关注，运用了许多现代技术、材料，创造出完全不同于以往的水景形态。

随着人类的不断演化，对水的眷恋与利用逐渐延伸到各个领域，对水文化的认知，也逐渐丰富。饮水文化，适合人体需要与健康的水；用水文化，利用水的自然属性载舟浮桥、水力输运、水力发电、河道整治等；治水文化，拦洪、分洪、滞洪；嬉水文化，围绕着水衍生出许多活动和休闲，从而形成了自己的戏水文化、旅游文化；求水文化，为了汲水方便，掘井取水；消水文化，防止受潮变质；探水文化，在未来，水资源的短缺，人们不得不寻求水源。

图3-4 东南亚滨水风情景观

园林发展到今天，设计师们对盛水的“容器”进行规划设计，这里所指的容器包括自然状态下的水体。如自然界的湖泊、池塘、溪流等，其边坡、底面均是天然形成；人工状态下的水体，如喷水池、游泳池等，其侧面、底面均是人工构筑物。将这些与水文化结合，让人在闲暇之余能够了解水、亲近水。在现代水景设计中，技术的重要性在增加，某种程度上水景是以各种设计及技术手段去体现水的特性，是液态的立体艺术、雕塑艺术，每种水的营造都和建造技术的进步密切相关，例如太阳能喷泉、音控喷泉水景中现代材料不锈钢、玻璃的应用等。

水环境是城市环境的重要组成部分，应当融入城市市民的整个生活环境中。在城市规划中要充分体现“以人为本”的思想，重视城市滨水空间的规划设计，促使人类向往自然环境，以和谐的方式处理城市与自然的关系。以水造景，以景寓意，形式美与意境美的结合，在艺术上、设计上达到统一。

在景观设计中反映水的文化，应该是设计的一种升华，人们对水的情怀，在设计中抒发，进一步挖掘城市的历史，塑造优美的景观，体现地方精神。水文化在设计中的应用可以归结为以下几个方面：一是从中国典故中延伸出来，我国的历史源远流长，对水的歌颂不胜枚举，故事、戏曲、诗词歌赋应有尽有，这些文化元素若能融入设计中，使艺术与技术真正的结合；二是濒临江河湖海的城市，水系的复杂，水路网的交错，水文化更是多种多样，从灌水到治水到用水以至到亲水，设计可以多元化发展，最终反映水滨城市的文化底蕴；三是生态设计中的水文化，联系着景观生态学的内容，在人工干预下，景观进行创意性的设计，用水美化环境，以水陶冶情操。

水文化是人类共有的文化，从古至今，人们千方百计地寻求对水的认知。设计师在滨水设计的过程中，总是把水元素作为提高整个景观的亮点，对水文化的应用也是竭尽所能。设计中文化的体现，有意象也有写实，不管怎样，须遵循以下三点：①遵循地域性原则，充分了解城市文化的内涵；②生态性原则，随着工业的发展，污染的日益加重，人们逐渐意识到生态性的重要性，提倡共建生态城市；③利用各种材料，不同的艺术手法，使设计或抽象或具体。美国第二代景观设计师，劳伦斯·哈普林（Lawrence Halprin）擅长运用跌水创造宜人的“哈式山水”景观。如波特兰市的三大广场、西雅图高速公路公园、旧金山莱维广场。

第四章
城市滨水景观规划的形式美

第一节 滨水景观形式美的法则

美学家克莱夫·贝尔在他的著作《艺术》中指出："一种艺术品的根本性质是有意味的形式。"它包括意味和形式两个方面："意味"就是审美情感，"形式"就是构成作品的各种因素及其相互之间的一种关系。一件作品通过点、线、面、色彩、肌理等基本构成元素组合而成的某种形式及形式关系，激起人们的审美情感，这种构成关系、这些具有审美情感的形式就称之为有意味的形式。

形式美法则可以说是艺术类学科共通的话题，美与不美在人们心理上、情绪上产生某种反应，存在着某种规律。当你接触任何一件事物，判断它的存在价值时，合乎逻辑的内容和美的形式必然同时迎面而来。因此，在现实生活中，由于人们所处社会地位、经济条件、教育程度、文化习俗、生活理念以及在所处环境中从小建立的人生观、价值观等的不同而有不同的对于美的认知，单从形式条件来评价某一事物或某一造型设计时，对于美或丑的感觉却可发现在大多数人中间存在着一种相通的共识，这种共识是从人类社会长期生产、生活实践中积累的，它的依据就是客观存在的美的形式法则。例如，在我们的视觉经验中，高耸的垂直线（摩天大厦）在艺术形式上给人上升、高大、严肃的感受，而水平线（大海）则给人开阔、徐缓、平静等感受。这些心理感受源于人们对生活的观察，最终发现了形式美的基本法则。

然而，构成形式美的物质材料，必须按照一定的组合规律组织起来，人们公认的对形式的审美标准被称为形式美法则，指人类在长期的审美活动中提炼、概括出来的能引起人的审美愉快的形式的共同特征，常有的组合规律有比例、对称、均衡、对比、调和、尺寸、节奏、变化、多样、统一、和谐、虚实、明暗、色彩、肌理等。所有这一切都参加美的创造，互相补充，有时互相制约。

(1) 比例：指部分与部分或部分与全体之间的数量关系。生活中经常强调形体的各部分比例关系，根据自身活动的方便总结出各种尺度标准，因此，比例是构成设计中一切单位大小以及各单位间编排组合的重要因素。

(2) 对称和均衡：最早发现和运用的美学规律。一方面对称在我们的生活中无处不在，建筑的对称、植物的对称、人类面部器官的对称等，这些都在告诉我们对称的意义。对称自然是一种均衡，它是双边等量等距离的均衡。它可以分为左右对称、上下对称、点对称，其中点对称又可分为向心的求心对称，离心的发射对称，旋转式的旋转对称，逆向组合的逆对称，以及自逐层扩大的同心圆对称等等。所以，对称是完美的形态；对称的视觉感受是庄严，秩序，安静，平和；对称是有机生命的完美的形式体现。另一方面均衡是形式美的重要因素，它来源于自然事物在力的状态下稳定存在的视觉感受，所以均衡是力与量的视觉平衡。在设计中是设计要素在总体配比中的平衡统一，是利用设计要素的虚实、气势、量感等相互呼应和协调的整体效果。

(3) 和谐：艺术魅力的永恒主题，世界上万事万物，尽管形态千变万化，它们都各按照一定的规律而存在，整个宇宙就是一个最大的和谐。和谐的广义解释是：判断两种以上的要素，或部分与部分的相互关系时，各部分给我们所感觉和意识的是一种整体协调的关系。和谐的狭义解释是统一与对比两者之间不是乏味单调或杂乱无章。

(4) 节奏和韵律：节奏是指音乐中音响节拍轻重缓急的变化和重复。节奏这个具有时间感的用语在构成设计上指以同一要素连续重复时所产生的运动感。韵律原指诗歌的声韵和节奏，在构成中单纯的单元组合重复易于单调，由有规律变化的形象或色群间以数比、等比处理排列，使之产生如音乐、诗歌的旋律感。这样作为形式要素的节奏韵律就具有心理意味。盖格尔曾经说过“对于自我来说，它改变了那可以赋予秩序的东西，使之从一团异己的混乱的东西变成了一种可以被自我把握的东西。”

(5) 对比和调和：形式美的最高层次，是多样性统一的两种基本类型。对比是各种对立因素之间的统一。例如，幽静山林与鸟语虫鸣，声音中静与响的对比，更显山林幽深，达到和谐。调和是相近的、非对立因素的统一，形成不太显著的变化。

(6) 虚实：在不同的艺术门类中，虚实的含义有所不同。景观设计中的虚有虚空之意；实指实景，即客观存在的景物；虚实关系既对立又统一，有强烈的层次感。从某种意义上说，空间的变化主要就是虚实之间的变化，这种变化形成一种无声而有韵律的秩序与节奏，让观赏者在不知不觉中感到舒适与惬意。

(7) 色彩：本身是无任何含义的，有的只是人赋予它的。但色彩确实可以在不知不觉间影响人的心理，左右人的情绪，所以就有人给各种色彩都加上特定的含义。如热情奔放的红色、温暖的黄色、永恒博大的蓝色、神秘的紫色以及纯净的白色等。

(8) 肌理：物质材料的纹理、质感。设计中利用某新型材料和新工艺去表达特定的含义，展现艺术观念的语言，容易使审美者拥有广

图4–1　常州公园滨水植物种植表现出的节奏和韵律

阔的联想空间。

综上所述，在当今社会，美的形式法则越来越成为人们必须掌握的基础知识，而在构成设计的实践上更具有它的重要性。美的形式与内容不能分离，形式美是艺术发展和生存的条件，所谓创新，总是从形式探索上开始的，美感寓于形式之中，没有形式就没有设计。就纯粹的形式美而言，可以不依赖于其他内容而存在，它具有独立的意义。德国哲学家康德称之为自由的美，狄德罗则称之为绝对的美或独立的美，在形式上表现为秩序、和谐等基本的形式美法则，用以满足消费者的审美趣味。

第二节　滨水景观形式美的应用

景观设计的形式美法则，最主要的是比例尺度和节奏韵律。在具体的建筑手法中，表现为欧洲古典建筑的两大系统——希腊罗马式的古典风格和哥特式的基督教风格，而中国古代建筑中的宫殿庙宇和园林以及其中的屋顶、色彩、假山、装饰等，都有各自不同的特殊构图形式和手法，形成各种不同的法式。

环境空间运用形式美法则包括比例、对称、对比、尺度、虚实、明暗、色彩、质感等一系列手法，对景观的一种纯形式美处理，要求创造出某种富于深层文化意味的情绪氛围，进而表现出一种情趣，一种思想性，富有表情和感染力，以陶冶和震撼人的心灵，如亲切或雄伟、幽雅或壮丽、精致或粗犷，达到渲染某种强烈情感的效果。

在滨水景观设计中,滨水绿地设计最能够体现形式美的法则，这不仅是自然美，而且还是人工美、再创造美。以纯粹的点、线、面、块等几何基本原型为材料，按美的法则通过空间变化：平移、旋转、放射、扩大、混合、切割、错位、扭曲，还有不同质感材料组合，来创造出具有特殊美的绿化装饰形象。点是指单体或几株植物的零星点缀，植物栽植中，单植，或丛植，点的合理运用，也是设计师们的创造力的进一步延伸，具体手法有：自由式、陈列式、旋转式、放射式、特异式等，点的不同排列组合也可产生不同的艺术效果。

图4-2　常州公园植物种植中高矮搭配形式

点，同时也是一种无约束的修饰美，也是景观设计的主要构成部分。可以说它是一种轻松、随意的装饰方式；线是指用植物栽种的线或是重新组合而构成的线，例如：绿化中的绿篱。线有曲线与直线之分，在规则式园林中直线是常用的手法，而曲线则在后现代派风格的园林设计中得到大量使用。线的粗细可产生远近的关系，同时，线有很强的方向性：垂直线庄重有上升之感，而曲线有自由流动、柔美之感。神以线而传，形以线而立，色以线而明，绿化中的线不仅具有装饰美，而且还充溢着一股生命活力的流动美；面的运用主要指绿地草坪和各种形式的绿墙，它是绿地设计中最主要的表现手法。面的使用是自由的，活泼的，无约束的，如各种形式的多边形，不规则形，将其进行不同方式的组合或层叠或相接，其表现力是异常丰富的。

此外，造景中虚与实的处理，包括空间的大小处理、空间的疏朗与密实的处理，空间分隔与节奏感的形成等，其实在环境空间中每个景点（区）的营造，每个景点（区）之间的衔接与过渡，都须注意虚与实的变化。从某种意义上说，空间的变化主要就是虚实之间的变化，这种变化形成一种无声而有韵律的秩序与节奏，让游赏者在不知不觉中感到舒适与惬意。由于景观中出现的亭、榭、廊等建筑主要作用在于点景和观景，而不在于居住与屏蔽，因此，其所形成的空间，不是一个密实的围合空间，而是一个开敞或半开敞的虚空间。它们的存在，也让游览者视线通透。 而在植物造景中，虚实空间的划分不是绝对的，在这里，虚实具有了某种相对意义。如密林与疏林，前者为实，后者为虚；而在疏林草地景观中，前者却为实，后者为虚；又如高绿篱与矮绿篱比较，前者为实，后者为虚；而矮篱或花卉密植色块与草坪空间比较起来，前者为实，后者为虚。节奏与韵律的充分使用，使景观有紧有松、有主有次，在某种意义上也是虚与实的体

图4–3　休闲广场水池

现：色彩的强弱，造型的长短，林间的疏密，植株的高低，线条的刚与柔，曲与直，面的方圆，尺寸的大小，交接上的错落与否等组合起来运用。节奏也是一种节拍，是一种波浪式的律动，当形、线、色、块整齐的而有条理的同时又重复出现，或富有变化的排列组合时，就可以获得节奏感。

滨水景观以开敞空间为主，对于空间色彩的选用不同于室内景观。应做到主色调统一、辅色调统一、场所色统一。滨水空间是旅游者和市民喜好的休闲地域，具有开阔水面和优越环境，那么主题色调应具有明显的指向性和高彩度，与天然城市滨水景观相映成辉，广场和铺地的主色调应体现地方特色，周围建筑与之相呼应，在绿色植物的衬托下，体现出稳重、大气、典雅的氛围。商业性景观场所要求有醒目、悦目、舒适、明快和协调、整体、统一的视觉指向，应尽可能营造热闹、繁荣的氛围，色彩选择可以较为鲜艳、亮丽，色彩丰富，尽量避免使用混沌、暖昧、纷乱、无秩序以及晦暗的低明度色彩。大型交通性建筑的色彩要求具有明显标志性的高明度纯色色调，以展示城市的风格和文化气质。公共建筑的色彩设计应以人性化、公众性、时尚性为核心，体现当代城市市民的生理、心理和文化的特点和审美情趣，杜绝杂乱无序、色调刺激的建筑色彩。

但是，一味的追求形式美，不考虑人的需要，没有场所性和地方性特色，实际上是对城市形象和地方精神的污染。可见，形式美与内容不能分离，形式美是艺术发展和生存的条件，所谓创新，总是从形式探索上开始的，美感寓于形式之中，没有形式就没有设计。然而，形式美不是轻易能得到的，它来自生活，来自发现，来自创造性的想象。

图4–4 马来西亚吉隆坡双子楼滨水景观

图4–5 江阴某小区滨水景观

图4–6 杭州花圃内水景

第五章
城市滨水景观设计

第一节　滨水景观设计的空间类型

城市滨水区景观的空间类型根据水体的走向、形状、尺度的不同，可以分为线状空间、带状空间和面状空间三种。这一划分方式也不是一定的，可能有些滨水空间在某些时候被归为线状空间， 而在有些时候又被归为带状空间，因此要根据划分的标准或者相互间的比较而定。

（一）线状空间

线状空间的特点是狭长、封闭，有明显的内聚性和方向性。线状空间多建构于窄小的河道上，由建筑群或绿化带形成连续的、较封闭的侧界面，建筑形式统一并富有特色，两岸各式各样，因地制宜的步道、平台、阶地和跨于水上的小桥，整体上给人一种亲切、平稳、流畅的感觉。世界上著名的线状滨水空间可谓是意大利的水城威尼斯，它是一座建在落潮后露出的沙滩上的商业城市，运河纵横，两岸商店、旅馆、住宅、饭店相连，景观优美、奇特，因此吸引了众多世界各地观光客。我国南方的一些城市由于河道纵横，此类线状空间较多。

（二）带状空间

带状空间的特点是水面较宽阔，连接两岸建筑、绿化等构成的侧界面的空间限定作用较弱，空间开敞。堤岸兼有防洪、道路和景观的多重功能。岸线是城市的风景线和游步道。上海外滩每天汇聚数以万计的游客，观光浦江风光和休闲漫步。较大的河流经过城市，沿河流轴向往往形成带状空间。如流经武汉市区的长江在沿岸绿化带、建筑群、

图5–1　上海黄浦江西岸形成的带状滨水空间

图5–2　厦门鼓浪屿

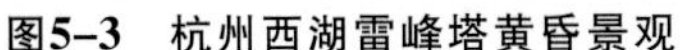
图5-3 杭州西湖雷峰塔黄昏景观

图5-4 杭州西湖春景

桥梁和步道的限定下，形成明确的带状空间，成为城市的特色景观，流经杭州市区的钱塘江亦是如此。

(三) 面状空间

面状空间的特点是水面宽阔、尺度较大、形状不规则、侧面对空间的限定作用微弱，空间十分开敞。面状空间中水面的背景作用十分突出。

海滨、湖滨的空间常常表现为面状空间，如厦门市区与鼓浪屿隔海相呼应，使城市空间向海面扩散、延伸，给人以开敞辽阔的感觉。又如杭州西湖，三面湖山一面城，其深厚的人文历史以及优美的自然景观已成为杭州城的名片；南京玄武湖清澈的湖水，优美的风光为古城南京增添了一份柔美。

第二节 滨水景观设计的原则

正确认识城市滨水景观，是做好设计工作的前提。对城市滨水景观的认识，不能仅仅停留在美学角度的风景如画上，应该从更深、更广的层面去理解和把握，这一点已在前文中有了详细阐述。总之，城市滨水区景观是城市最具生命力的景观形态，是城市中理想的生境走廊，最高质量的城市绿线。在城市滨水区景观设计时应遵循以下一些基本原则：

(一) 自然生态原则

自然生态原则是城市滨水区景观设计所要遵循的首要原则，城市滨水区由于其特殊的地理位置，属生态敏感区域，在以往的城市建设中，由于考虑防洪等因素，滨水区域往往筑起高高的驳岸，水陆分隔明显，加上水体污染严重，水质往往较差，因而滨水区的自然和生态无从谈起。崇尚自然和生态是当今世界的主题，在今天对滨水区景观重新建设过程中，我们必须依据景观生态学原理,模拟自然江河岸线,以绿为主,运用天然材料,创造自然生趣、丰富多样的滨水景观，进一步保护生物多样性、净化水体，从而构筑城市生境走廊,实现景观的可持续发展。

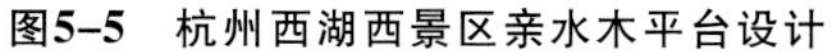
图5-5　杭州西湖西景区亲水木平台设计

图5-6　杭州西湖景区内的一处墙面雕刻

（二）文脉延续原则

前文中已经提到一个城市的历史人文是独一无二的，是不可复制的，在发掘城市个性魅力时它应该是唱主角的。滨水区是一个城市发展最早的区域，城市的滨水区域总是隐含着丰富的历史文化的遗迹，所以滨水区景观的规划设计应注重历史人文景观的挖掘。所谓的历史人文景观即人类历史社会的各种传统文化景观。规划设计要充分考虑区域的地理、历史、环境条件，发掘历史传统人文景观资源，同时满足使用功能和观赏要求，只有这样才能创造出思想内涵深刻，独具特色的滨水景观。

当然在遵循文脉延续原则时要注重传统与现代的交流和互动，这其中包括两个方面，其一是指传统的历史人文和现代城市中的人文景观相融会贯通，其二是指在景观设计和改造过程中要将原有的滨水景观改造利用，对有历史价值的景观要加以延续，景观的表现形式和做法也应该实现传统和现代相结合，例如将传统的材料结合现代的做法（图5-6），只有这样才能真正实现文脉的延续，让市民在游憩的同时也能享受历史文化和现代都市文化的双重熏陶。

（三）以人为本原则

“以人为本”这四个字，是当今以及将来所一直要追求的设计原则。景观设计的最终目的是服务于人类，因此其理所当然要遵循这一原则。当代美国景观设计大师哈尔普林曾说过：“我们所作所为，意在寻求两个问题：一为何者是人类与环境共栖共生的根本；二是人类如何才能达到这种共栖共生的关系？我们希望能和居住者共同设计出一个以生物学和人类感性为基础的生态体系。”一言以蔽之，景观设计的中心是为了人，使人与环境达到高度和谐，这是景观设计的出发点。在不同领域以人为本的思想的体现各不相同，即便是在景观设计领域内设计不同的场所时也存在差异，在滨水区景观设计时主要要加强以下几个方面的设计：

1. 亲水性设计

受现代人文主义极大影响的滨水景观设计更多地考虑了“人与生俱来的亲水特性”。在以往，人们惧怕洪水，因而建造的堤岸总是又高又厚，将人与水远远隔开。而科学技术发展到今天，人们已经能较好地控制水的四季涨落特性，因而亲水性设计成为可能。

亲水性设计主要表现在驳岸的处理以及临水空间的营造等方面，如何让人与水体进行直接的交流，是处理这类景观设计时应着重探讨的。实现和水体的接触性交流固然能体现亲水性，但是在设计过程中由于其他因素和条件的限制有时不能采取这种方式，所以我们在设计时应考虑采取其他的手段，如从视觉，听觉、嗅觉等方面做文章，让人同样感受到水的乐趣，而且我们也正需要这种不同角度的多重体验，因为所谓的亲水活动就是指活动时水在身边的感受作为目标之类的活动。从另一个角度来看，并不是说平台越临水，人离水越近，就越能表现亲水性。试想如果水质较差，散发异味，即便平台再临水人们也不愿意停留。总之，对于亲水性的设计要综合多方因素来加以考虑才能真正达到设计者的目的。图5-7为亲水木平台设计，游人可以在此休息，也可临水而立，面对开阔的水面欣赏远处层峦叠嶂的美景，晴天傍晚夕阳余晖洒满水面，使得景色更为迷人。因此在亲水平台设计时除了要考虑亲水性，也要充分考虑其所处的位置，是否有景可观，反过来其本身也应成为一景。 图5-8为杭州北山路改造后呈现的水中平台景观。由于道路宽度有限，在公交车停靠站空间尤显局促， 因此设计者别出匠心设计了水中平台，将陆地向水中蔓延，提供给人们人在水中央的特殊候车空间，在夏季人们还能感受湖面吹来的伴着藕香的徐徐凉风，这也是以人为本原则的综合体现。

图5-7 杭州西湖西景区亲水木平台设计

2. 开放空间设计

从我国国情来看，我国人口众多，而城市中的公共开放空间相对较少，近些年来城市广场和公园等开放空间的建设在一定程度上弥补了这一劣势，但是我们也同时发现了在广场这类开放空间的设计时所表现出的弊端，即其空间形式往往不够人性化，利用率普遍不高。滨水区景观特色突出，既是市民活动的主要空间，也是外来旅游者观光活动的主要

图5-8 杭州北山路水中平台设计

场所，在滨水空间往往呈现人流涌动的景象，这一点在很多城市如上海、杭州、南京和香港等得到验证。在前文已多次提到滨水区是城市的主要开放空间，建构合理完善的城市开放空间系统离不开滨水区的建设。

滨水区和城市其他空间相比往往呈现带状的空间特点，因而它在设计时更适宜将岸线空间与已建成的环境融合起来，创造各种不同用途、大小不一的开放空间。精心处理开放空间和建筑地区交界的边缘线，使之富有变化，以创造一个充满趣味的空间和生动的滨水环境。滨水区丰富多样的开放空间的设计将进一步满足人们休闲和交流的愿望，以提高生活品质，从而体现以人为本的宗旨。

3. 无障碍绿色步行系统及自行车道设计

随着社会经济的持续发展，城市人口也逐渐步入老龄化。为了扩大老龄化城市中脆弱群体的活动范围和空间，适应脆弱群体的心理及生理需求，能将更多市民的活动引向水边。滨水绿地的道路系统组织应同时考虑脆弱群体专用的平滑地面、防滑道以及健康人群步行道。此外为了满足人们健身和游玩以及环保等要求，提倡自行车专用道设计，创造真正绿色环保的活动空间。

第三节　滨水景观设计的空间结构设计

景观空间结构是滨水区景观设计的最终落实点，滨水区景观设计的质量也直接取决于水体与陆地结合的空间环境的品质以及景点与基地空间形态的适应。相应的景观设计是通过对滨水区空间形态的分析，驾驭其空间联系，使各种景观要素与空间结构有机结合，以构筑滨水区最佳的景观空间形态。

由于滨水区在城市中多以线型延伸，并展现出边沿的空间形态，从而为人们感知城市风貌，控制城市的天际线提供了良好的机缘。在景观布局上，强调将滨水区置于城市的整体环境氛围中，充分发掘水文化的优势，使两岸及水系沿线的文物景点联系起来，以取得综合景观效应，并以此控制岸线、滨水道路、建筑的设计。在滨水区景点、景区的设计中，以滨水区线性的内在秩序为依据，以延展的水体为景线，形成从序曲、高潮直至尾声的景观走廊，在提供感知水景最佳视点的同时，也成为一道滨水风景线，并与水共成佳景，升华水景特色。

在滨水区景观空间结构设计时不能忽略观景点的设计。滨水区临水空间通透开阔，不同的观景点如水边的亲水步道、平台、桥头、滨水建筑物等，都可以供游人欣赏水面景色。其中既有静态观景点（如平台、亲水步道等），又有动态观景点（如人、车、船等）。同时还可分为高层次、中层次、低层次观景点，相互穿插，给市民和游人提供充足的、多方位的观景场所，产生人景交融的滨水景观。

杭州西湖风景名胜区在景观空间结构设计上可以说较为成功，整个景区经过多年的开发和建设，尤其是近几年西湖南线、北线和西线景区的改造，将其以开放式带状公园的形式呈现在世人面前，就如同镶嵌在西湖沿岸的颗颗珍珠，散发柔和、迷人的光彩。

整个环湖景区空间序列丰富、紧凑，高潮迭起，而且很好地将西湖这一自然景观以及众多的历史人文景观与现代城市景观相衔接，在传统中体现现代，让人们在游玩的同时了解该城市的历史和人文风貌，在浓浓绿意中尽享滨水开放空间的乐趣。

第四节　滨水景观设计的构成要素设计

城市滨水区景观是由各种景观要素构成的，对滨水区的景观各构成要素的设计直接影响整个滨水区景观。滨水区的土地寸土寸金，应该在有限的滨水区内设置多样化的自然环境、开放空间和各种功能设施，为公众提供多种体验和选择性。正如“建筑是一个不断生长、延续、更新、完善的活的有机体”一样，随着经济发展和技术提高，各种新材料和新技术被不断地运用到景观设计中，使得城市滨水区景观更丰富、更具特色，成为很多城市的标志景观。

滨水景观构成要素包括自然景观要素，如地形、地貌、水体、动植物等以及由历史因素、文化脉络、社会经济等构成的人文景观要素和人工设施要素。对自然和人文景观要素的分析，使滨水区特色的生长与发展清晰地展现出来，并且为创造明日特色的景观设计找到了创作依据。由于环境因素在很大程度上决定了滨水区的场所性和独特性，因此，相应的景观设计应深刻理解滨水区特定的背景条件，并对环境因素加以提炼、升华和再创造，以建立景观的独特性，使滨水景观反映它所在城市的文化内涵、民族性格，以及岁月的积淀、地域的分野，使其成为城市景观的一大亮点。城市的人文景观要素是特定的，要注重挖掘，并在自然和人工景观设计中展示出来，下面对构成滨水景观的自然和人工要素设计进行逐项分析：

(一) 水　体

水——万物之源。古人论风景必曰山水。李清照称“山光水色与人亲”，描述了人有亲水的欲望，水不仅能给人带来灵性，带来生机，而且水还有很高的生态价值和景观价值。从生态价值角度来讲，城市中的水体能够在一定程度上改善城市小气候，起到缓解热岛效应等作用。至于说到景观价值则更不可忽视，城市滨水区之所以受人亲赖，成为人们向往的场所，就在于其独特的水景。如今，在城市里有多少人渴望临水而居的生活，随着滨水区的开发建设，临水的楼盘总是特别走俏，倍受关

图5-9　青岛海滨景观

注。

水有动静之分，无论动水还是静水都各具魅力。静水在给人宁静幽深之感的同时，也能让人尽情欣赏水中景物的倒影；动水则呈现出各种动态，不但可以观其形，也能享其声，波涛起伏，流淌飞溅，呈现其多姿多彩的一面。人们从不同的角度，不同的距离欣赏水景都会有不同的感受。

滨水区水体水质对整体景观有很大的影响，因此在设计的同时要采取各种措施净化水体，以满足人们亲水的要求，更好地发挥水体的生态功能。将生态设计结合到滨水景观设计中将有利于水体的净化，水质的改善，例如采用生态驳岸或在水中种植适宜的植物等都会对水质起积极的改善作用。

在英国设计师克利夫·芒福汀所著的《街道与广场》一书中，他在滨海、河流及运河一章中将城市水景分为四种类型：第一种类型是点状的水景或者喷泉，它具有不可思议的和洞穴相关的含蓄，以及泉水及无底深井的生命；第二种类型是池塘，一个倒影、沉思和消遣的场所；第三种类型是线状水景，是以一条河流或者一条运河形态流经城市的情况；第四种类型与滨海城市相关。和河流或者运河一样，这是一种构成城市景物的线状景物。城市滨水区由于其滨水的水体性质不同，景观特征也各不相同，平静的湖面和河面应注重岸边景物布置，以形成美丽的倒影，而波涛起伏的海面则恰恰相反，宜营造动感的空间。此外水面的形状，开阔或狭小都会对景观的设计产生很大影响，因此在滨水区景观设计时要充分利用该水体的景观特征，创造各具特色的水景，结合周边环境等条件，营造适宜的亲水空间，也可根据水体水质以及水体深度等不同条件开展适当的水上活动。为增加水的动态乐趣，也可通过设计各类喷泉，配合照明等其他条件，营造各类戏水空间。

（二）植　物

滨水区作为城市中的主要公共开放空间，要进行合理的绿化配置，从而营造自然绿意的开放空间。滨水区植物造景要依据景观生态学的原理，保持生态多样性，在绿化形式上，发展丰富的、多层次的绿化体系，增强滨水绿化空间的层次感，使完整连续的滨水绿带既有统一的整体面貌，又有层次分明、季相变化明显的节奏感，增强滨水空间的

图5-10　杭州西溪湿地公园植物景观

视觉效果。此外，滨水植物景观尤其要注意林冠线的变化。在树种选择上要遵循自然生态的原则，以乡土树种为主，搭配其他能体现滨水景观特点以及人们喜爱的树种，要注意速生树种与慢生树种、常绿树种与落叶树种的比例（图5-11），创造出季相变化明显，植物种类丰富，自然成趣、富有特色的植物景观。

蒲苇、石菖蒲、酢浆草、垂柳等

鸢尾、五角枫、麦冬

菖蒲、水杉、垂柳、碧桃等

郁金香、榉树、菖蒲、圆柏等

垂柳、火棘、碧桃等

麦冬、鸡爪槭、茶树等

图5-11 滨水景观植物配置（一）

檵木、菖蒲、垂柳、茶树、麦冬

枫杨、香樟等

菖蒲、迎夏、麦冬

黄杨、水杉、垂柳、鸡爪槭、麦冬、檵木

水葱、桃、红花酢浆草、垂柳等

睡莲、水葱、木芙蓉、垂柳等

图5–11　滨水景观植物配置（二）

杭州西湖，湖面辽阔，视野宽广。沿湖景点突出季节景观，如苏堤春晓、曲院风荷、平湖秋月、柳浪闻莺等。春季，桃红柳绿，垂柳、悬铃木、枫香、水杉、池杉新叶一片嫩绿；碧桃、东京樱花、日本晚樱、垂丝海棠、倭海棠等先后吐艳，与嫩绿叶色相映，春色明媚，确似一袭红妆笼罩在西湖沿岸。西湖的秋色更是绚丽多彩，红、黄、紫、褐色具备，色叶树种丰富，有无患子、悬铃木、银杏、鸡爪槭、红枫、枫香、乌桕、三角枫、柿、油柿、重阳木、紫叶李、水杉等。加上其他的花灌木以及各类地被和草花等，丰富的植物景观将西湖妆扮得分外美丽，而且四季景象各不相同，各有韵味。水杉（图5-16）是西湖边的一大特色，正是由于水杉林起伏、细柔的轮廓线将西湖的柔美体现得淋漓尽致。在规则式的线装空间，例如狭窄的人工挖掘的河道或者运河两岸通常种植高大的乔木，形成“两岸夹青山，一江流碧玉”的意境，使其成为绿色廊道。对于人工砌筑的驳岸可利用藤本类植物掩饰和弱化石砌驳岸给人的生硬感。

水边的绿化树种要具备一定的耐水湿能力，我国常见应用的树种有：水松、蒲桃、小叶榕、高山榕、水石榕、紫花羊蹄甲、木麻黄、椰子、蒲葵、落羽松、池杉、水杉、大叶柳、垂柳、旱柳、水冬瓜、乌桕、苦楝、悬铃木、枫香、枫杨、三角枫、重阳木、柿、榔榆、桑、柘、梨属、白蜡属、海棠、香樟、棕榈、无患子、蔷薇、紫藤、迎春、

图5-12 西湖春天洁白的樱花

图5-13 春天的苏堤桃红柳绿

图5-14 红色的郁金香格外艳丽

图5-15 碧叶连天的曲院风荷

云南黄馨、连翘、棣棠、夹竹桃、圆柏、丝棉木、木芙蓉等。

此外，要充分考虑滨水区的特殊性，滨水区是水陆交界线，属生态敏感区域，在未进行人工干预前，总是富有自然气息，能维持陆地、水面及城市中生物链的连续，因此应尽量保留、创造生态湿地。多运用水生、湿生植物，提高水体自净能力，改善河岸的自然状态，为水中、水边生物提供生息的环境，营造自然生态的景观常用的一些水生、湿生植物有：美人蕉、菖蒲、石菖蒲、黄花鸢尾、玉蝉花、姜花、芦竹、芦苇、茅、芒、莎草、香蒲、野芋、再力花、旱伞草、水烛、菰、水葱、荸荠、慈姑、黄花蔺、水龙、千屈菜、海寿花、灯心草、水蓼、水芹、凤眼莲、睡莲、荷花、萍蓬草、莼菜等（图5–17、图5–18）。

图5–16　深秋褐色的水杉林

（三）建　筑

滨水区的建筑包括两类，其一为各类景观建筑，其二为沿岸的各类城市建筑。景观建筑的设计和布置同其他城市开放空间的景观建筑一样，这在前面章节已有谈到，这里主要谈谈沿岸城市建筑的规划和设计。

花叶美人蕉　　姜　花　　斑　茅

海　芋　　海寿花　　旱伞草

图5–17　常用的水生和湿生植物（一）

图5-17　常用的水生和湿生植物（二）

芦　竹　　荷　花　　睡　莲　　黄花鸢尾

图5-17　常用的水生和湿生植物（三）

滨水区沿岸建筑的形式及风格对整个水域空间形态有很大影响。滨水区是向公众开放的界面。临界面建筑的密度和形式不能损坏城市景观轮廓线，并保证视觉上的通透性。在滨水区适当降低建筑密度，注意建筑与周围环境的结合。可考虑设置屋顶花园，丰富滨水区的空间布局，形成立体的城市绿化系统。另外还可将底层架空，使滨水区空间与城市内部空间通透，不仅有利于形成视线走廊，而且形成了良好的自然通风，有利于滨水区自然空气向城市内部的引入。建筑的高度应进行总体的城市设计，并在沿岸布置适当的观景场所，产生最佳观景点。保证在观景点附近能够形成较为优美、统一的建筑轮廓线，达到最佳视线效果。在临水空间的建筑、街道的布局上，应注意留出能够快速容易到达滨水绿带的通道，便于人们前往进行各种活动。应注意形成风道引入水滨的大陆风，并根据交通量和盛行风向使街道两层的建筑上部逐渐后退以扩大风道、降低污染和高温，丰富街道立面空间。

建筑造型及风格也是影响滨水区景观的一个重要因素。滨水区作为一个较为开敞的空间，沿岸建筑即是对这一空间进行限定的界面。当观赏者在较远的距离观看时，城市轮廓线往往成为最外层的公共轮廓线，是剪影式的，缺乏层次的；而当视距达到一定范围内建筑轮廓的层次性便显得极为重要，再近一些观看时往往使观者对建筑物的细部甚至广告、标识和环境小品都能一览无余，城市两岸的景观不再局限于单纯的轮廓线。具体到单体建筑的设计上，要与周围建筑有所统一，如相同高度上的挑檐、线脚等。

图5-18　水　葱

(四) 驳　岸

驳岸是水域与陆域的交界线。

图5-19 生态性和亲水性较差的驳岸

驳岸设计的合理与否，对于整个滨水景观有很大影响。不同的驳岸形式，可以创造出不同的水际空间，因此在滨水景观设计时驳岸设计是很重要的一个因素。在以往的滨水地区整治中，对驳岸的设计多从功利价值如防洪、水运和灌溉等考虑，而较少考虑人的心理和生理需要，因而驳岸往往是截弯取直，采用石砌护坡，高筑岸堤，使整个滨水区景观显得“整洁”、“干净”，但在这些现象的背后，随后会发现很多问题，整齐拉直的驳岸改变了自然形成的江河岸线的自然特征和重要功能，同时由于这样的驳岸垂直陡峭、落差大，没有亲水性可言，使滨水区成为冷冰冰和缺乏生活情趣的堆砌体，其生态价值也无从谈起（图5-19）。

景观设计是全方位的立体空间设计，人们在其中的目的是游憩而并不是停留在某一位置而静静观赏，因此在设计时尤其要注意竖向空间层次上的变化。驳岸的设计要充分注意这一点，只有这样才能让人在观景时产生不同的空间视觉效应。近几年来，驳岸的设计越来越综合防洪、生态、亲水等功能来加以考虑。从目前情况看驳岸设计根据断面形式、材料、功能等可以分为很多种类，以下从断面形式加以分类：

1. 直立的断面形式

这类形式的驳岸，往往采用混凝土或块石砌筑，高水位和低水位间落差大，亲水性和生态性均较差，滨水空间较为狭窄，在以往的城市河道驳岸设计中多采用这种形式。在城市滨水区再开发的今天，对这种驳岸形式多加以改造，使其变得更亲水，更自然，更能符合人们生活的需求。

2. 台阶式断面形式

在综合考虑水位、水流、潮汛、交通和景观效果的前提下，这类台阶式断面形式在目前采用较多，无论是河流、湖泊还是海滨都较为适用。采取这样的断面形式使得人们可以根据不同的水位情况选择不同的活动层面，滨水空间得以扩大，也使得滨水立面层次更为丰富，便于人们欣赏水景，体验亲水的乐趣。例如南京夫子庙滨水带就是处理采用这类形式，并取得了良好的效果。

台阶式断面形式根据形式的不同还可以加以细分：

(1) 外低内高型：低层台阶按常年水位来设计，每年汛期来临时，允许被淹没；中层台阶只有在较大洪水发生时，才会被淹没。这两级台阶可以形成具有良好亲水性的游憩空间。高层台阶作为百年一遇的防洪大堤。各个台阶利用各种手段进行竖向联系，形成一个立体的景观系统（图5-20）。

(2) 外高内低型：如上海外滩的断面处理 (图5-21)。

(3) 中间高两侧低型：即前两种类型的综合，集中了前两者的优势，而且其各个高程的平台间通过不同形式的台阶和绿色植物覆盖的土堤进行竖向的联系，形成一个立体的景观系统。

(4) 综合型：滨水地区的断面处理可以根据所处位置的不同采用多种形式的结合，因地制宜，灵活运用，避免景观单调，取得更好的景观效果。

图5-20　南京夫子庙滨水带台阶处理

(五) 驳岸处理实例

生态驳岸是指恢复后的自然河岸或具有自然河岸"可渗透性"的人工驳岸，它可以充分保证河岸与河流水体之间的水分交换和调节功能，同时具有一定抗洪强度。生态驳岸材料上主要采用自然材料如植物、块石、卵石、木桩等。主要有以下一些类型如植物种植型驳岸、草石间置型驳岸、滩涂型驳岸等，这样既软化了以钢筋混凝土为主的硬质景观，也有利于滨水环境生态植物的良性发展。图5-22至图5-28为各类生态驳岸做法示例。

生态驳岸对河流水文过程、生物过程还有如下促进功能：

(1) 滞洪补枯、调节水位。生态驳岸采用自然材料，形成一种可渗性的界面。丰水期，河水向堤岸外的地下水层渗透储存；枯水期，地下水通过堤岸反渗入河。另外生态驳岸上的大量植被也有涵蓄水分的作用。

(2) 增强水体的自净作用。河流生态系统通过食物链过程消减有机污染物，从而增强水体自净作用，改善河流水质。

(3) 生态驳岸对于滨水区生物同样起到重大作用。生态驳岸的坡脚护底具有高孔隙率、多鱼类巢穴、多生物生长带，为水生生物提供了栖息、繁衍场所的特点；生态河岸

图5-21　上海外滩外高内低的断面处理

图5-22 外低内高的驳岸设计实例

图5-23 台阶式驳岸设计实例

图5-24 综合式驳岸设计实例

图5-25 自然草坡驳岸

图5-26 块石驳岸

繁茂的绿树草丛为陆上鸟类、昆虫等提供了觅食、繁衍的好场所。

正是基于以上一些功能，以及人们追求自然、生态的理想，生态型驳岸在今天的滨水驳岸设计中越来越占主导地位，也成为滨水景观的一大特色。

图5-27　卵石驳岸

图5-28　树桩驳岸

（六）铺装设计

铺装是景观设计中一个重要的要素，它在带给人们视觉感受的同时也伴随着触觉感受。和城市其他景观一样，在滨水景观中，无论是游步道、广场，还是亲水平台等活动空间都要进行铺装，从而满足人们使用的需要，铺装材料、图案设计以及施工的质量都对以后的使用以及整体的景观效果有很大的影响。从中国传统园林中我们可以看到铺装的材料非常丰富，如青砖、碎瓦、卵石等，而且铺装的图案非常精美，有时常常含有某种寓意，烘托主题和意境。例如拙政园海棠春坞的铺地图案就如海棠花，和园林主题一致。我国传统园林中的铺装艺术，也因此冠名“花街铺地”。随着科技的发展，新的铺装材料层出不穷，不断被应用到城市景观设计中来，结合传统的铺装材料，铺装的形式也越来越多样。铺装是门艺术，铺装材料的选用应根据场所的不同来具体选择，铺装的图案、色彩等要和周围的环境相协调，形成整体美。

铺装材料可以分为天然材料和人工材料两大类。近年来，人工材料由于其透水性好、价格便宜，并可根据设计需求提供相应的颜色等优点，在室外景观设计中的应用越来越广泛。此外，由于对木材防腐处理技术的提高。以及追求自然、纯朴景观的需求，防腐木材在铺装中运用也越来越多。特别是在滨水的一些平台设计时，木质铺装成为首

图5-29　不同材料相结合的铺装设计

图5-30　临水木平台

选。

在滨水铺装设计中，要根据不同的空间场所特征选用不同的铺装材料，铺装材料的选择要从经济、适用、美观等方面综合考虑。例如亲水平台的设计往往采用木质铺装，木材固然能给人亲切感，但即便是防腐木其耐久性也要比石材差，因此在设计时要从各方面综合比较考虑，要谨慎选择材料。

滨水景观的以人为本的设计理念同样也体现在铺装设计上，例如在材料的选择上要考虑防滑处理，以免存在不安全隐患。此外，滨水岸线大多有高差，切不可因此而成为弱势人群的障碍，应多注意缓坡、盲道等的处理方式以及材料的选用。

此外也可以通过特殊的个别的铺装来反映城市的历史文化，例如可以通过在铺装上雕刻能反映历史文化的图案或文字，从而既起到装饰作用，又反映当地的历史文化，起到宣传和教育的作用，可谓一举两得。

（七）照明设计

城市滨水区是市民主要活动空间和外来游客游览的主要场所，滨水区的照明设计对其夜间景观有很大的影响，有些城市景观如上海的外滩的夜景就曾给无数的国内外游客留下深刻的印象，成为上海城市的标志性景观。南京夫子庙夜景流光溢彩，尽显秦淮河的风情（图5-31）。

还记得十几年前，很多游客游览杭州西湖时就有这样的感受，到了晚上九十点，西湖边就一片漆黑，只有昏黄的路灯在那闪烁。而如今全国上下提倡亮化工程，西湖沿岸经过改造，无论白天还是晚上的景观都焕然一新，夜游西湖成为一大特色。在江南水乡乌镇，通过整体的照明设计，让游览从白天一直延续到夜晚，而其皓月当空，小桥流水的美景也让无数游客赞叹不已。

滨水景观照明设计和其他类型的景观照明设计以及室内照明设计等存在差别，除了都要保证一定的照度和整体环境氛围相协调外，滨水景观照明设计还要充分考虑水体这一景观要素，利用灯光的色彩以及照射的角度等与水体相结合，创造动静结合、朦胧缥缈的景观效果。滨水景观灯的光色的选择和其他景观照明设计一样要统一协调，避免杂乱不一，五彩斑斓，从而形成光污染。

图5-31 南京夫子庙滨水带夜景

当然我们也应该看到，我国多数城市的电力资源一到用电高峰期就频频告急，在很多城市只能采取拉电限电等措施，在这些时期很多景观灯具就如同摆设，根本不能发挥作用，因此从上述来看在户外景观照明设计时一定要遵循节电的原则。通过采取各种措施，如采用节能灯，降低瓦数等来避免类似问题的发生。同时，也要保证一定的照度，满足人们的使用要求，特别是在一些驳岸边缘以及存在高差的部位，要适当提高照度，引起人们注意。

景观灯具的造型设计要和整体环境相协调，除了满足夜晚的照明需要外，其在白天也是构成景观的艺术小品。例如在一些滨水区的景观中，我们常见到一种庭园灯其顶部造型就如同飞翔的海鸥，跟滨水环境相协调。

（八）景观小品

景观小品包括雕塑、坐椅、电话亭、饮水器、废物箱等，这在前面章节中都有叙述，在此不再具体展开。景观小品的作用显而易见，其造型设计既要美观大方和整体环境相协调也要满足实用功能。景观小品是塑造滨水景观不可缺少的要素，经过精心设计，可以演变出各种各样具有艺术形态的空间。其设计要运用富有城市区域特色的语汇或符号，并加以提炼，从细节处反映生动的城市文化（图5-32至图5-36）。

图5-32　苏州金鸡湖滨水景观雕塑

图5-33　深圳大梅沙海滨公园雕塑

图5-34 上海滨江大道雕塑

图5-35 威海海滨广场雕塑

图5-36 威海海滨雕塑

图9-8　鸠鹚广场的抽象雕塑

化地表现空间和环境的长处，而且由于位置的变化使观赏者有不同的感觉，所以野外设置应该以三维特征为前提。而环境雕塑已经成为城市空间中的文化与艺术的重要载体，装饰城市空间，形成视觉焦点，在空间中起凝缩、维系作用。

那么环境中主体雕塑的设计应注意以下几点：

(1) 主体雕塑作为环境的立体参照物，应凸显城市文化、烘托城市氛围。在空间中起导向作用，设计的形式要与城市文化及历史背景融于一体。

(2) 雕塑不能孤立存在，应于周围环境相统一，雕塑作为人为景观与其他因素相结合，综合考虑内外的联系。

(3) 空间尺度要合理把握。大型雕塑在体量上要与所摆放的环境空间有一个合理的比例关系。太大或太小造成空间的不协调，与其他景观要素相脱离。

(4) 雕塑摆放的位置，不应遮挡游人的视线以及人行交通。

(5) 雕塑作为公共艺术的主体，人的参与极为重要，可参与性是现代公共艺术的基本准则，人们从中可以进行交流，发挥人的创造性。

对于环境雕塑的发展，我们跳出了以往传统、习惯的那种狭窄的表达范围，不论古代还是近代，雕塑的创造都体现着时代的文化精神，是人类主动的创造行为。现代的环境雕塑以其千姿百态的造型和审美观念的多样性，加之利用现代高科技、新材料的技术加工手段与现代环境意识的紧密结合，给现代生活空间增添了生命的活力和魅力。

第三节　公共艺术——景观壁画

壁画作为公众艺术，它有着无穷魅力，它将建筑和装饰融为一体，把“美”化在生活空间，把“义”载入在艺术品格。壁画主要是指装饰建筑壁面的画，就是用绘制、雕塑及其他造型手法或工艺手段，在天然或人工壁画上制作的画，分为室内壁画和室外壁画。

壁画艺术用墙面来表现核心内容，它采用多种形式、多种材料、多种装饰手法、多种工艺手段产生各种样式的艺术，它可以是油画、丙烯画、中国画、浮雕……也可以是综合多种材料创造成的形式，壁画的内容丰富万千，向你诉说某个历史或某个景象。

在现代景观设计中，壁画多以景观文化墙为载体，与周围景观符号结合，反映特定环境的文化底蕴。壁画设计的人本意识，使游人产生认同感，与环境相协调。可以从以下四个方面反映以人为本：

(1) 壁画的形式、材料、功能要满足不同的人群，设计要服务于人，考虑人的心理需求。实质上人是公共环境的主体，壁画的不同表现，可以满足公众的不同要求。设计时，把人们的社会观念与建筑功能结合起来，把接受者的情绪或感情纳入到构思中。

图9-9 景德镇公园青花瓷贴壁饰

(2) 壁画设计要随时代的发展而不断变化。大众的审美情趣和社会文化意识的增强以及人们形态心理变化的需求，都直接影响着壁画的形态。随着社会的发展、科技的进步，人们的视野丰富多样，作为公共艺术的现代壁画，早已不再跟随传统壁画的发展，它既满足视觉审美外，还反映了人文、科技等城市文化，它把民族审美意识与时代文化精神融合在一起，继承和发扬了中国传统壁画的精髓，又进行了创新。借助现代科技，向多元性和多样性发展。

(3) 壁画设计中要考虑人的感受，做到繁简得当。人心理的本质是追求变化的，单调无变化的视觉环境会造成心理压力，但是周围环境的变化过于杂乱，也会破坏人的生理、心理节奏。

(4) 壁画设计应与观赏者的审美趣味相和谐。人们的审美习惯、审美爱忌不同，甚至迥异，不同社会地位、年龄的人，不同的知识结构、文化背景的人，在审美情趣上都会有着或多或少的差异。但是，不管这些审美习惯在感觉上多么不同，在它们的深层总有一种共性，因为，人们的审美习惯不是凭空而来的，它总是时代文化思潮的一部分，总会或多或少地反映出时代的精神特征，反映这一时代人的道德观、价值观和民族性。

第四节 公共艺术——景观水景

水的特性很早就成为营造景观的基本元素之一。中国古代很早就把自然水体引入城市，以营造象征意义的水景。此外，中国传统文化中就有：仁者乐山，智者乐水，并且有风水之法、得水为上的说法，《作庭记》上卷第六卷《遣水》记载：应先确定进水之方位。经云，水由东向南再往西流者为顺流，由西向东流者为逆流。故东水西流为常用之法。可见，景观中若没有了水景，就会显得呆板缺少生气，而动静结合、点线面变化、有时加上有人文含义的水景，往往能给人带来美感。

西方水景的设计中，以古伊斯兰园林在庭院中布置十字形喷泉水池为代表，用来象征水、乳、酒、蜜四条河流；欧洲古代城市广场上设置的水景往往是为了衬托水中的雕

图9-10　安徽芜湖鸠兹滨水广场水景

塑，凡尔赛宫的大型规则水池把巴洛克装饰艺术的丰富性与法国平原广阔平坦的宏伟性完美的组合在一起。到了18世纪以英国园林为代表的自然风景所追求的是一种如画的、去除了一切不和谐因素的人化的自然景观。

任何事物的发展，都是有规律的，水的创作也是如此，它不仅是一种科学技术，更是富有民族特色的人文精神，“为有源头活水来”使得水景艺术多姿多彩。

（一）水景按动静状态分类

(1) 动水：河流、溪涧、瀑布、喷泉、壁泉等。动态的水景则明快、活泼，多以声为主，形态也十分丰富多样，形声兼备，可以缓解、软化城市中建筑物和硬质景观，增加城市环境的生机，有益于身心健康并满足视觉艺术的需要。

(2) 静水：水池、湖沼等。静态的水景平静、幽深、凝重，其艺术构图常以影为主。静止的水面可以将周围景观映入水中形成倒影，增加景观的层次和美感，给人诗意、轻盈、浮游和幻象的视觉感受。

（二）水景按自然和规则程度分类

(1) 自然式水景：河流、湖泊、池沼、泉源、溪涧、涌泉、瀑布等。

(2) 规则式水景：规则式水池、喷泉、壁泉等。

水景中还包括岛、水景附近的道路。岛可分山岛、平岛、池岛。

水景附近的道路可分为沿水道路、越水道路（桥、堤）。

在滨水景观中，水景以静态的河流为主体。对于他的设计应着眼于其载体（湖、池）的形式，有源有流，有聚有散，再配以动态的利用，用外在的因素使静水动起来。故静态的水，虽无定向，却能表现出深层次的、细致入微的文化景观。

就自然界生态水景之循环过程中有四个基型态存在：流、落、滞、喷。水景也可以设计为上喷、下落、流动、静止，因此水体被艺术和科学的手法进行精心地改造，更增添了水景的情趣

图9-11　安徽芜湖鸠兹滨水广场水景

和娱乐效果。由于高科技的运用，使得水景的结构、造型丰富，形式也越来越多样，有射流喷泉、吸气喷泉、涌泉、雾喷、水幕等。比如雾喷泉能以少量水在大范围空间内造成气雾弥漫的环境，如有灯光或阳光照射时，还可呈现彩虹景象，在夏日人们可以放肆地靠近去享受那份清凉，而不用担心你被水稍稍沾湿的衣服；水幕，是一种目前娱乐性较高的水景，可以在上面放映录像；也可欣赏一些娱乐性节目；还有贴墙而下的，水在经过特殊处理的墙上徐徐而落，水流跳动形成层层白浪，又或银珠飞溅，饶有情趣；水树阵是目前理水设计中以生态功能为主的水景造型，其内容就是以树（含植物）与水体相互交融而构成一定主题的布局方式。树依赖水生存，水以树而丰富多彩。总之，在现代环境中，真正的水景是能以多样的形式、多变的色彩、各异的风格满足人们视觉、听觉、触觉、甚至心理上的等全方位的享受。亲水性是人的本性，所以能够触摸的水景逐渐被人们所重视。触摸即参与，最直接的意思就是让你能走到里面来，让身体直接与水接触。国外非常重视人们对水景参与性的研究，他们认为水是生活中最常见的物质，其非结构化的性质可以鼓励孩子进行富有想象力和自信心的探究，可以促进儿童思维活跃，也因为水常见，能使儿童自然而然地放松。

图9-12　南京绿博园水景

图9-13　新马泰水景

第十章

滨水景观中的灯光设计

第一节　灯光的作用

物的形象只有在光的作用下才能被视觉感知。不论是白天还是晚上，不论是自然光还是人工光，世界上的万事万物都在光的作用下让人类感知。如果没有光的作用，我们就不可能觉察到物体的存在。

光对于景观营造有重要的功能和艺术价值。良好的照明改善景观的功能效益和环境质量，提高视觉功效，加强展示效果，营造环境气氛，适应个人需要，保证人身和财物安全。正确地设光（指光量，光的性质和方向）能加强造型的三维立体感，提升艺术效果，反之则导致形象平淡或歪曲。

光给景观注人活力，保证夜间车辆畅通，行人安全，扩大夜生活时间和空间，丰富居民户外的文化娱乐和休闲活动，促进商业繁荣，展示历史文化风貌，吸引游人。

光建构空间，明和暗的差异自然地形成室内外不同空间划分的心理暗示。光的微妙的强弱变化造就空间的层次感。

光渲染气氛，晴日当空，阴雨连绵，雷鸣闪电带给我们不同的心情，这当中光的变故起着重要作用。光渲染的气氛对人的心理状态和光环境的艺术感染力有决定性的影响。

光突出重点：没有重点就没有艺术而落人平庸。强化光的明暗对比能把表现的艺术形象或细节实现出来，形成抢眼的视觉中心。极高的对比还能产生戏剧性的艺术效果，令人激动。

图10-1　杭州西湖景区湖滨路灯

光演现色彩：显色性好的人工光源可以像天然光一样真实地演现环境，人和物的缤纷色彩；显色性差的灯则造成颜色变异，丧失环境色彩的勉力。彩色灯光赋予光环境情感意识，使一些颜色响亮，但也会使一些颜色受到扭曲。

光装饰环境：光和影编织的图案，光洁材料反射光和折射光所产生的晶莹光辉，光有节奏的动态变化，灯具的优美造型都是装饰环境的宝贵元素，引人入胜的艺术焦点。

第二节　光源的选择

人工照明经过100多年的演进与发展，大致经历了白炽灯、荧光灯、高强气体放电灯HID（high intensity discharge）和发光二极管LED四个阶段。

白炽灯与其他光源相比较，使用上仍占有相当大的比例，主要是安装和更换费用低，使用便利，在某种程度上具有一定的装饰性。如节日的城市，建筑物或一些临时构筑物常常使用白炽灯，装饰建筑或组成灯光长廊表演，丰富的图案变化，加之音乐烘托，给人们强烈的视觉感受。

1939年发明荧光灯，荧光灯属于一种低压汞蒸汽放电灯，在其玻璃管内涂有荧光材料，将放电过程中的紫外线辐射转化为可见光。荧光灯是一种线形光源，属于非方向性光源。近来，冷阴型荧光灯在户外照明中频繁使用，是节能环保的新型电光源产品。

20世纪60年代末又相继出现了高压钠灯和金属卤化物灯（后两种统称高强气体放电灯，即HID灯）。它们借助气体放电发光，是与热辐射光源白炽灯完全不同的第二代光源，其光效和寿命远优于白炽灯。20世纪70年代中期以后，由于重视照明节能，气体放电灯生产激增，快速普及。同时灯的质量显著提高，品种规格也日益丰富，齐全。以荧光灯为例。三基色荧光粉的应用，紧凑型小功率荧光灯的普及以及用28瓦16毫米直径的细管径荧光灯替代26毫米、38毫米直径的旧型灯管，使荧光灯品质大为改善，适用范围更广，制灯材料更加节省，光效也进一步提高了。

图10-2　杭州西湖景区湖滨路灯

1990年以后无极灯（QL灯）、硫灯、微波灯、发光二极管等第三代光源已逐步由实验室进入市场，实现商品化。这些灯的发光机理彻底革新，其寿命更长，光效更高，将推动未来的照明方式产生革命性变化。LED寿命长达10万小时，意味着每天工作8小时，可以有35年免维护的理论保障。低压运行，几乎可达到100%的光输出，调光时低到零输出，可以组合出成千上万种光色，而发光面积可以很小，能制作成1平方毫米。经过二次光学设计，照明灯具达到理想的光强分布。因为它具有寿命长、启动时间短、结构牢固、节能、发光体接近点光源（有利于LED的灯具设计）、薄型灯具、灯具材料选择范围大、不需要加发射器、低压、没有紫外辐射、尤其在公共环境中使用更加安全等特点。再加上LED光源的生产可实现无汞化，对环境保护和节约能源更具有重要意义。

LED主要用于信号显示领域、建筑物航空障碍灯、航标灯、汽车信号灯、仪表背光照明，如今娱乐、建筑物室内外、城市美化、景观照明中应用也越来越广泛。对于花卉或低矮的灌木，可以使用LED作为光源进行照明。

城市公共照明和景观照明日趋扩大与完善，建筑照明手法不断创新。如反射照明（间接照明）光纤照明，导光管照明，变色灯照明，激光照明等，照明形式绚丽多彩。

目前，世界各国提出了评估照明质量的各类定量指标，制订并逐步完善了照明设计的标准，法规或建议。国际照明委员会（CIE）和国际标准化组织（ISO）最近联合制订的《室内工作照明标准（草案）》提出统一照度（E），统一眩光等级（UGR）和一般显色指数（Ra）三项定量指标作为照明设计的依据，使照明设计更科学化，规范化。

第三节　照明的方式

随着经济的发展，照明设施越来越引起人们的广泛关注，园林绿地、广场及景点、景区的照明与道路、建筑物的照明等构成了滨水夜晚一道道亮丽的风景线。

照明通过人工选择的方式，灵活选用照明光源，人们可以看到比白天更好的滨水景观轮廓、道路轴线、景观小品等，即景观的特点和结构可以比白天更清晰。但是需注意一点：滨水景观照明的效果很大程度上依赖于背景的黑暗，若照明没有主次，到处照得如白天一样亮，将使照明效果大打折扣，甚至造成眩光污染。

图10-3　青岛滨水广场景观灯柱

此外，在考虑表达夜景的效果时，也必须考虑到人们的活动和白天的景色。所以在选择照明工具时，造型要精美，要与环境相协调，要结合环境主题，可以赋予一定的寓意，使其成为富有情趣的园林小品。

第四节　设计的原则

滨水景观是公共空间，它是以雕塑、建筑、水体及多种元素，经过艺术处理而创造出来。通过照明表现滨水景观的美学特征，使其具有自己独特的鲜明形象：层次感清晰、立体感丰富、主导地位突出……所以，照明设备即灯具的配置，其颜色、排列、形态都要细细考虑。一般来讲，照明灯具的设计和应用应遵循以下几点：

(1) 选择合适的位置：照明灯具一般设在景观绿地的出入口、广场、交通要道，园路两侧及交叉口、台阶、建筑物周围、水景喷泉、雕塑、草坪边缘等处。

(2) 照度与环境相协调：根据园林环境地段的不同，灯照度的选择要恰当。如出入口、广场等人流集散处，要求有充分足够的照明强度；而在安静的步行小路则只要求一般照明即可。柔和、轻松的灯光会使园林环境更加宁静舒适，亲切宜人。整个灯光照明上要统一布局，使构成园林中的灯光照度既均匀又有起伏，具有明暗节奏的艺术效果。同时，也要防止出现不适当的阴暗角落。

(3) 照明设备的选择与周围环境的协调：照明设备的颜色选择根据建筑、植物轮廓与背景色来进行选择。注重滨水景观与相邻建筑物的关系和它独特的地位，使其与周边环境如植物、河流等照明效果一致。

(4) 注意灯具的比例与尺度：保证有均匀的照度，除了灯具布置的位置要均匀，距离要合理外，灯柱的高度要恰当。

园灯设置的高度与用途有关，一般园灯高度3米左右；大量人流活动的空间，园灯高度一般在4至6米左右；而用于配景的灯其高度应随情况而定。另外，灯柱的高度与灯柱间的水平距离比值要恰当，才能形成均匀的照度。市政园林工程中灯柱高度与灯柱间水平距离的比值一般在1/12至1/10之间。

(5) 人的活动与滨水景观空间照明：人是滨水景观利用的主体，景观的评价来自于使用者——人的感受。所以景观的夜间照明要充分满足人们的需要，作为河流空间的人的活动散步、眺望夜景、沿岸吹风可以归纳为三个方面：当人们眺望远方时，要考虑到眺望场所的照明可用间接照明来控制亮度、烘托气氛；当人们在其间散步时，要注意灯光要保持一定的亮度，不要让散步的人有不安全的感觉。在设计时力求照明设计得精细，使散步不感到单调。

图10-4　小河夜景

第十一章

城市滨水景观设计实例分析

【实例分析 1】 此方案采用自然式的布局，规划中充分考虑了生态环境效益、社会效益的和谐统一。滨水景观设计以圆形、曲线造型的平台作为景观节点，将整个景观有序地串联起来，带来视觉上的和谐与统一。

【实例分析 2】 此方案通过主要道路将总体景观划分为三段，每段都包涵相对独立的景观系统，都有具体的景观中心和绿地区域；而每段独立的景观部分之间，又通过入口的对接和图形的延续，实现整体构图上的相互联系。中心区域的景观构图饱满，内容丰富，两侧区域的设计以绿地为主，节奏舒缓轻松。

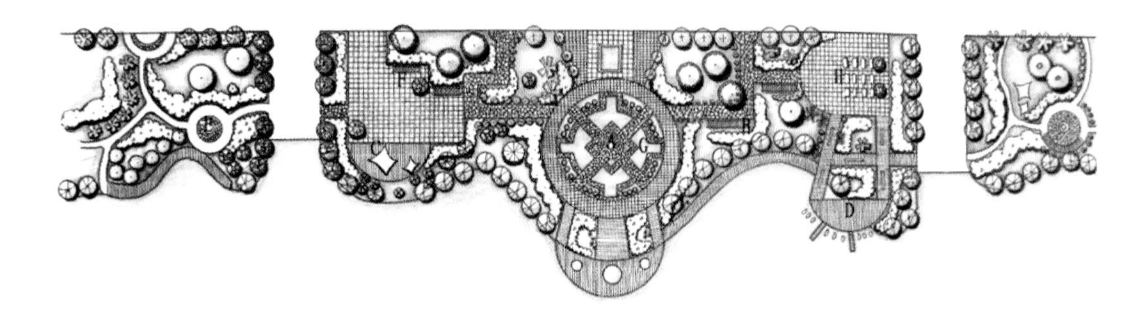

【实例分析 3】 此方案采用曲直相间的构图方式，表现为两主一从的结构，主体景观在亲水平台处与圆形张拉膜休息处，局部作为陪衬，局部形式活泼、自由，衬托出主景的视觉中心及趣味中心的作用。

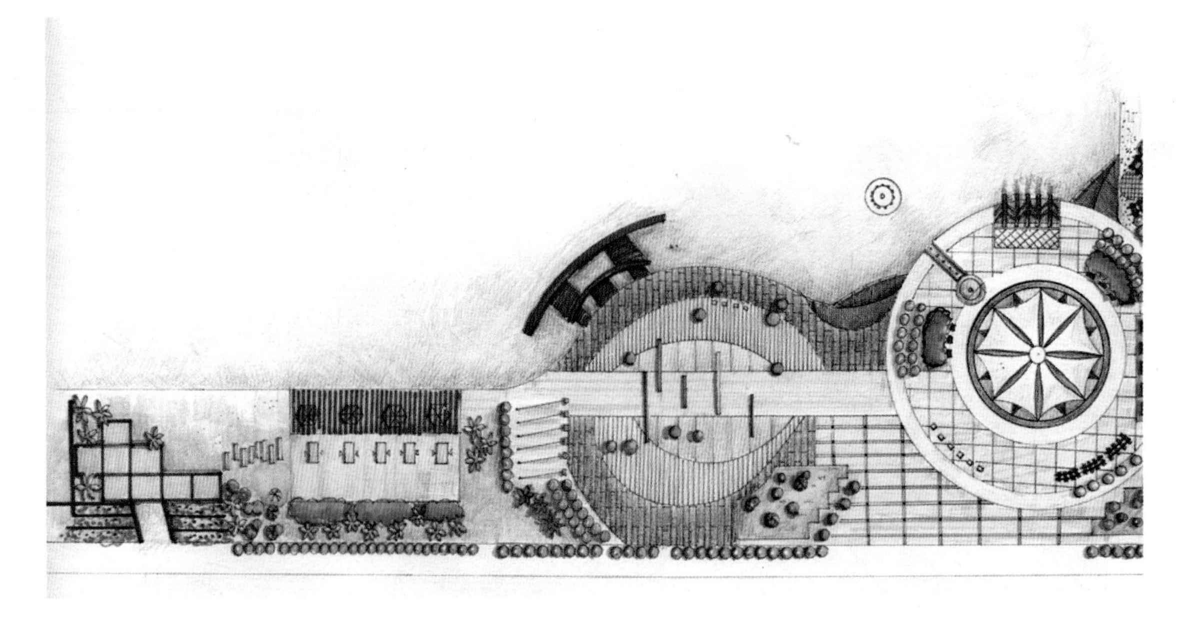

【实例分析 4】 此方案巧妙地将原地形的转角处作为主景，局部次景以圆形为主题与主景相呼应，造型丰富、自由。大量的绿化种植与适当的硬地铺装相结合，植物的柔和的线条，四季斑斓的色彩，给人以美的享受。

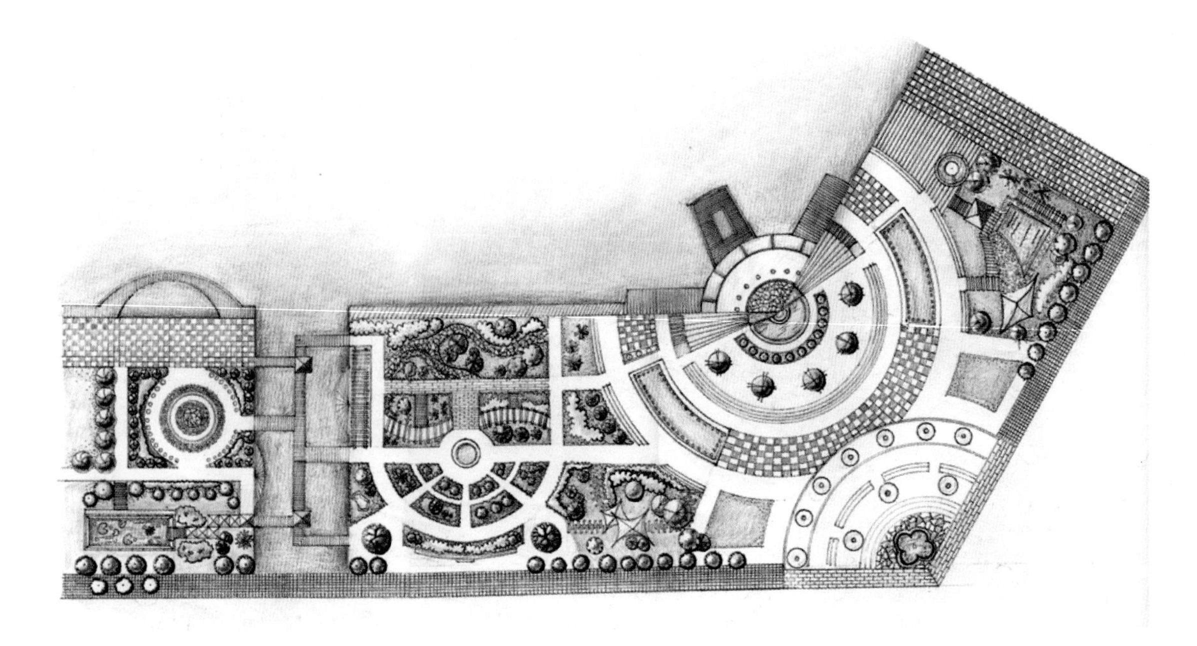

【实例分析5】　此方案采用自然式的布局，方案充分考虑所在城市的地域特色，设计特别注重形式美与植物绿化效果。滨水景观设计以圆形、曲线造型的平台作为景观节点，将整个游览路线巧妙的连接起来，充分展现了景区的移步换景，增强了景观的层次感。

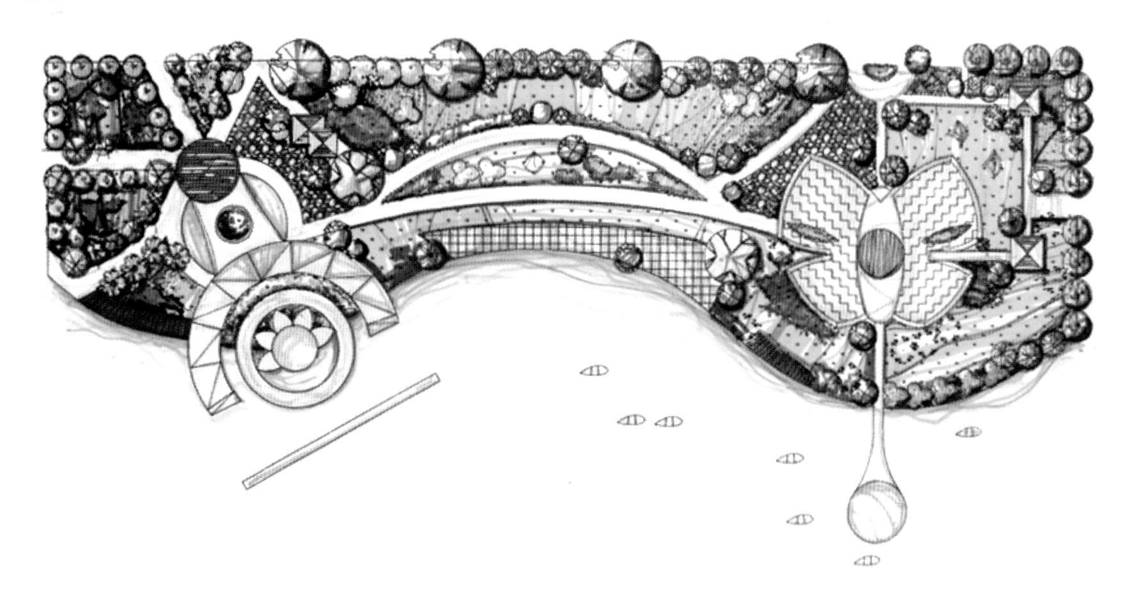

【实例分析6】　此方案在构图上主要运用圆、方交错结合的形式，亲水平台的与两端圆形的小广场相互呼应，形成了连贯的视觉感受。种植大量高低错落的植物，丰富了空间效果，同时也使绿地成为设计的缓冲点，调解了小气候环境，规划中充分考虑了生态环境效益与社会效益的和谐统一。

【实例分析 7】 此方案在临水一侧布置了造型美观的木栈道亲水平台，方便了游人与水的亲近。整体构图上表现为两个主景观在两端并且都以圆为造型元素，通过直线形的道路将整个景观有效地联系起来，整个设计有序、自然，既符合功能要求又满足人们的审美需求。

【实例分析 8】 此方案采用非对称手法，造型简洁，功能明确。主景位于景观的正中间，以圆为设计元素。道路两旁设计大面积的草坪为游人提供休息的场所，通过乔、灌、草的结合使整个滨水景观立面上层次丰富。

【实例分析 9】　此方案采用对称手法，三个主要景观节点造型不一，但又彼此相关，变化之中又体现统一。同样三个亲水平台与景观节点联系紧密，道路设计简便、功能合理。此外在水系边缘利用水、湿生植物营造出优美生态环境。

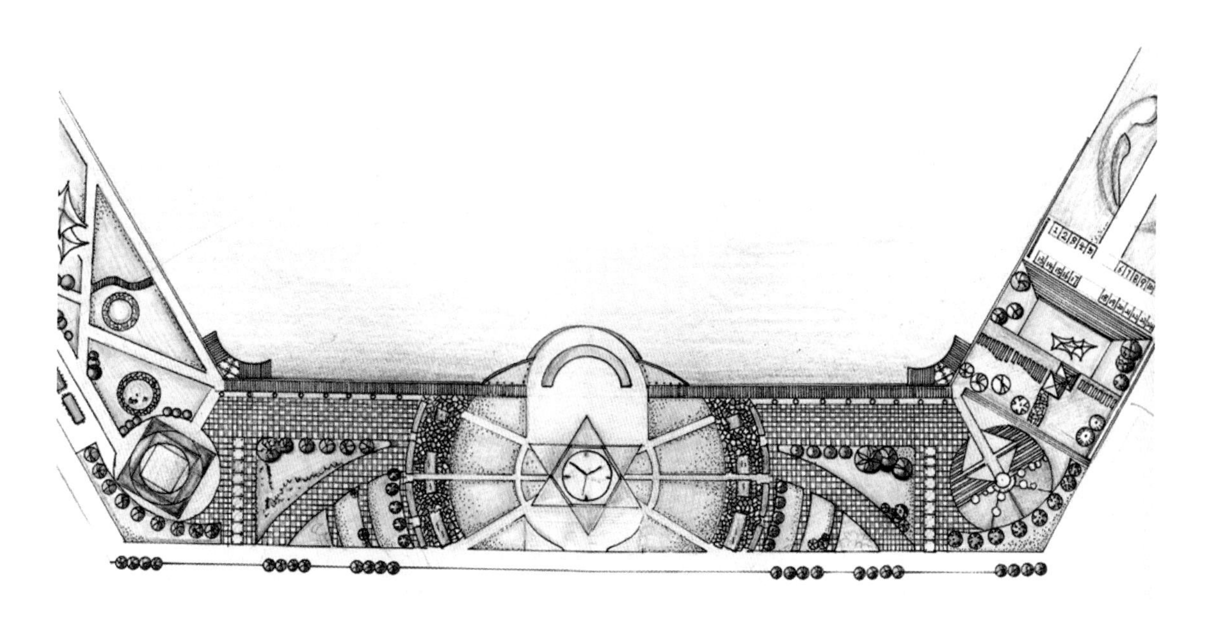

【实例分析 10】　此方案采用非对称手法，平面构图丰富。荷花造型主景位于地形转角处，与临近的水体构成一幅和谐画面。水体与层次起伏的植被构成舒适的道路景观，而花架、亭子等景观小品点缀其间，呈现出一个功能完善、舒适宜人的滨水景观。

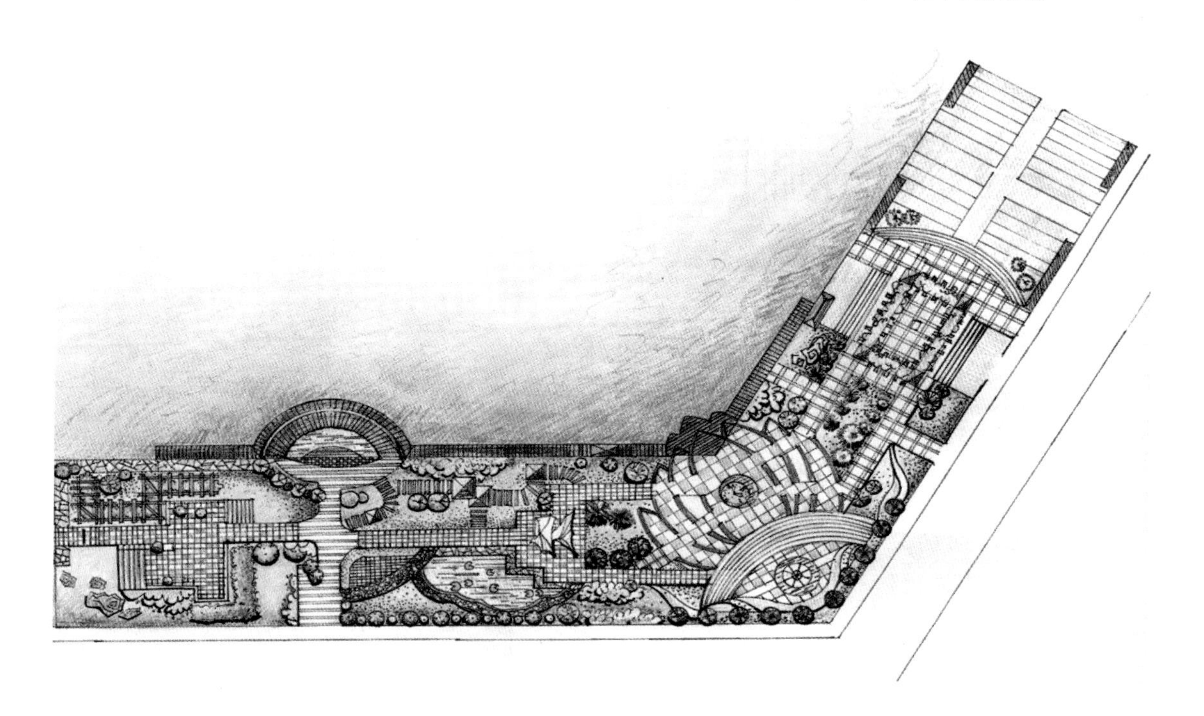

【实例分析 11】 此方案在构图上主要运用圆、方元素结合的方式，立面上有高低层次的变化，绿地中设置的文化景墙、亭子、花钵等小品使整个滨水景观具有独特的风格，营造出一个健康舒适的自然、生态休闲空间。整个道路网便捷，主道路与次道路有效结合，在行走的过程中，为人们提供了动态的乐趣。大量的绿化种植与适当的硬质铺装合理结合，植物与铺装的斑斓色彩给人们带来丰富的视觉的感受。

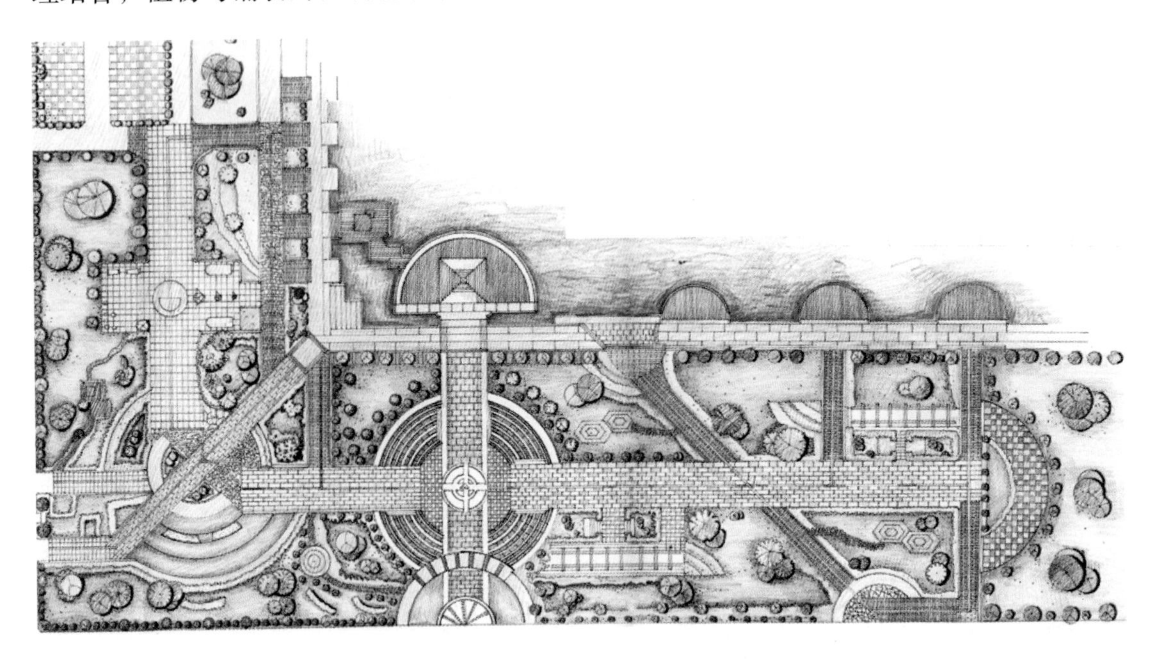

【实例分析 12】 此方案采用均衡式布局，以小型水渠造景，主景处的喷泉与花坛形成开放式的入口，成为视觉的焦点。采用张拉膜、雕塑等景观小品，在满足绿化面积的同时，营造更多的绿荫休息地。

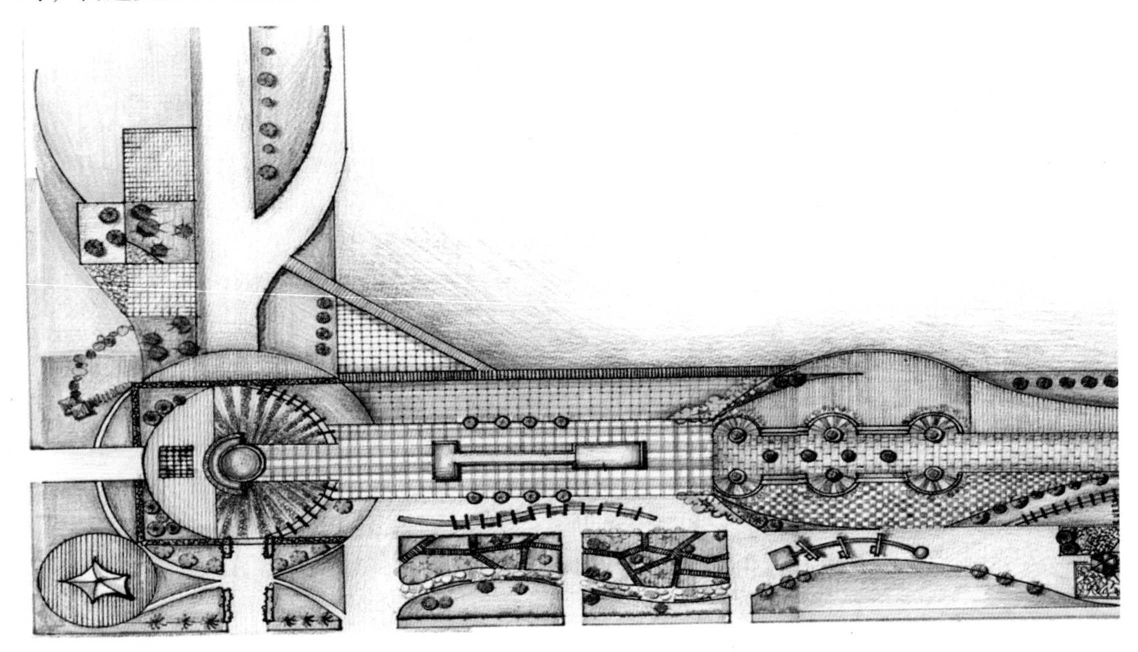

【实例分析 13】　此方案采用均衡布局，满足人们不同的视觉需要。滨水景观设计以植物造景为主，采用几何式规则绿地，配置丛植和点植的乔灌木，形成不同造型的植物群落。临水处的三处亲水平台造型美观，彼此又连通，丰富了临水景观，同时满足了人们亲水的天性。

【实例分析 14】　此方案采用对称式布局，在构图上主要运用圆、曲线等元素，形式活泼、自由。主景在正中央，其他形成陪衬，局部形式如右侧有序的弧形水池引起人的视觉趣味，起到烘托、陪衬主景的作用。

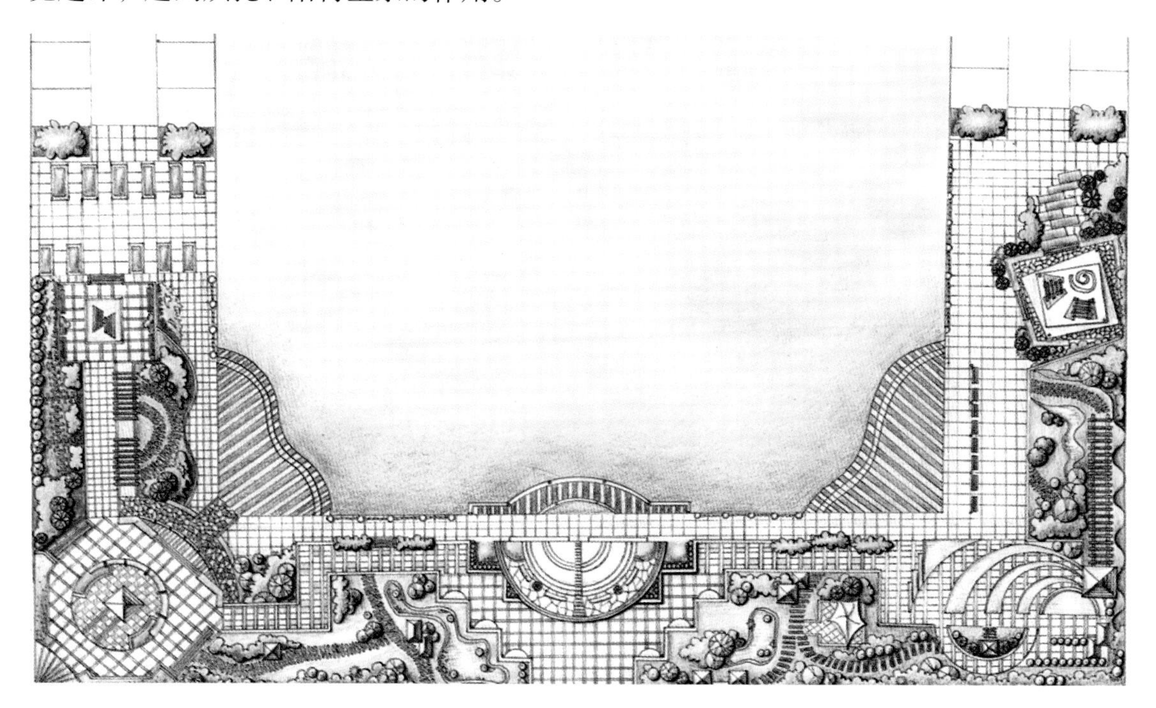

【实例分析 15】此方案采用均衡式布局，以植物造景，以圆弧为造型的主景形成视觉中心。由主入口至亲水平台形成开放式视觉通道。景观小品采用花架、树池与坐凳相结合的方式，在满足人们使用需求的同时，营造更多的绿荫休憩地。

【实例分析 16】　此方案采用对称式布局，两处主入口以弧形绿篱为造型形成视觉敏感点，吸引人们的目光。自由曲线型道路与各个景点相联接，为人们行走其间带来动态的乐趣。此设计的突出之处在于临水一侧是设计了散步道，提供了更人性化的休憩空间。

【实例分析 17】　此方案采用中心对称形式，主景的左右两侧分别设置局部景观，力图使空间布局达到视觉平衡的效果。植物配置的变化，带动了滨水环境的活泼氛围，使人们在色彩丰富的环境中游憩，并做到移步异景的效果。亲水平台与主景的结合巧妙、不露痕迹，向水中延伸，给水面的平静增添动态之感。

【实例分析 18】　此方案非中心对称形式，但在细节上，对直线的运用，使格局既活泼又不失生动。植物配置中自由式种植与坐凳的穿插布置丰富了环境。铺装的变化与单一的水面形成对比，给人们带来丰富多彩的视觉体验。

【实例分析 19】 此方案在设计形式上注重景观轴线的表达，以圆形的主广场为中心，有一明一暗两条主要的景观轴线在此交汇，明的轴线通过主入口、台阶和大面积的硬质铺装来强化，视线通透，轴线明显；暗的轴线以次入口、道路和小的景观节点来实现，视线曲折，层次分明。其中不同的景观节点和水体之间又形成不同的景观次轴线。

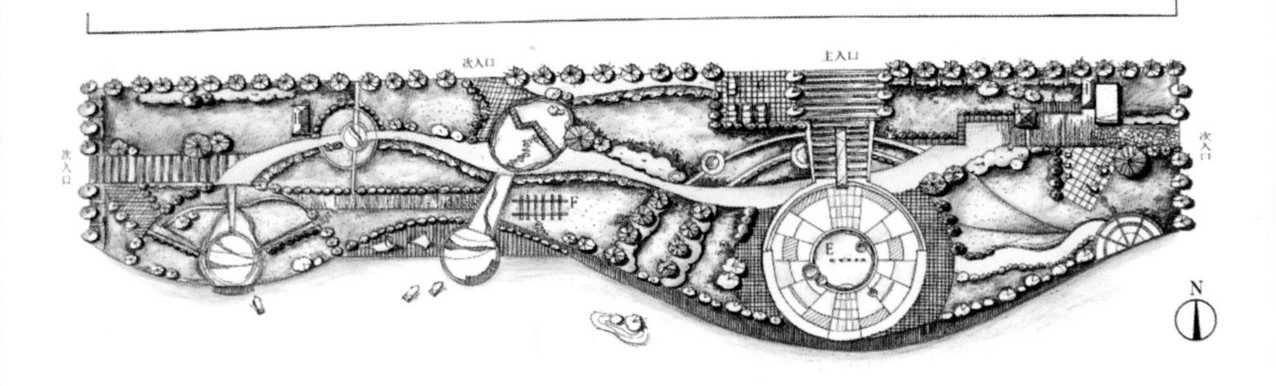

【实例分析 20】 此方案色彩丰富，虽是采用稳重的中心对称形式，但在细节上，对曲线的运用，使呆板的格局变的生动。植物配置中自由式种植与模纹的穿插使用丰富了环境。每个节点延伸出的景观道路与主干道连接自然，使人们能够一览无余。

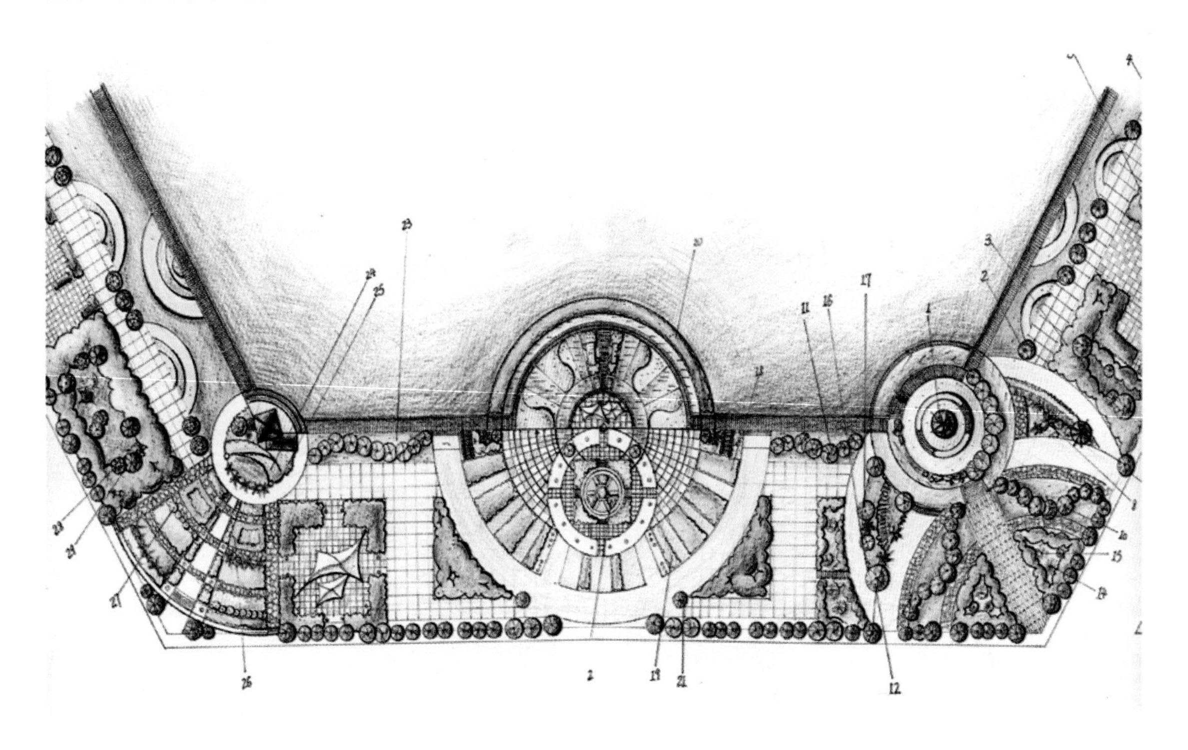

【实例分析 21】　此方案整体上采用自然式的布局方式，在模拟自然式道路系统的框架中，布置部分硬质铺装的景观节点，便于休闲和人流聚散。设计中，以圆形和弧形为主要的节点形式，分散于广场的各个部分，再用自由曲线形的道路联系起来，既有整体构图的均衡，又能满足实际使用的功能要求。

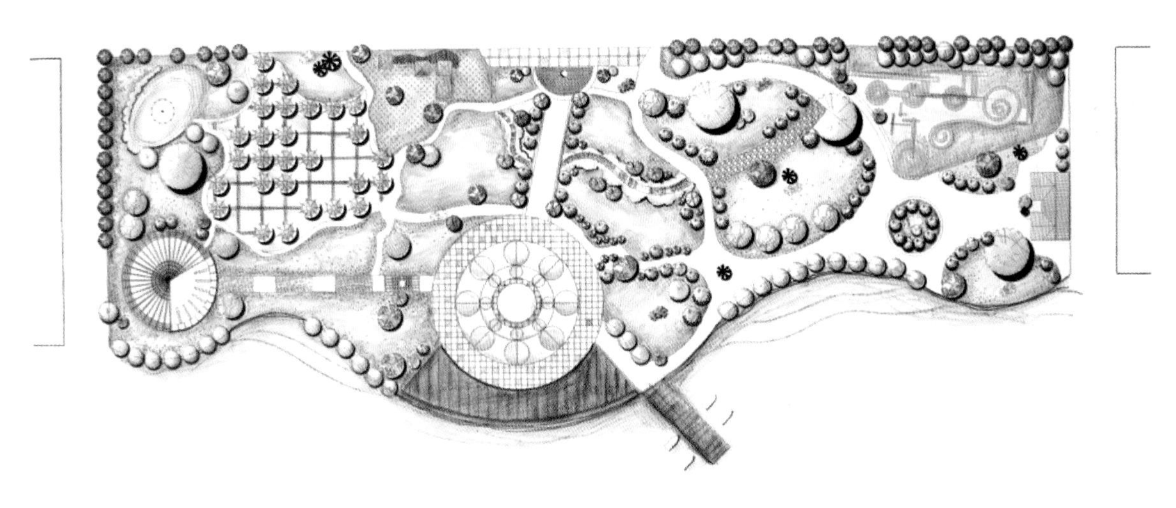

【实例分析 22】　此方案设计采用突出中心景观，主次分明的设计手法。主体景观设计极具有形式美感，图案简单大气。在驳岸的处理上采用动静分离的手法，增强了景观观赏性。

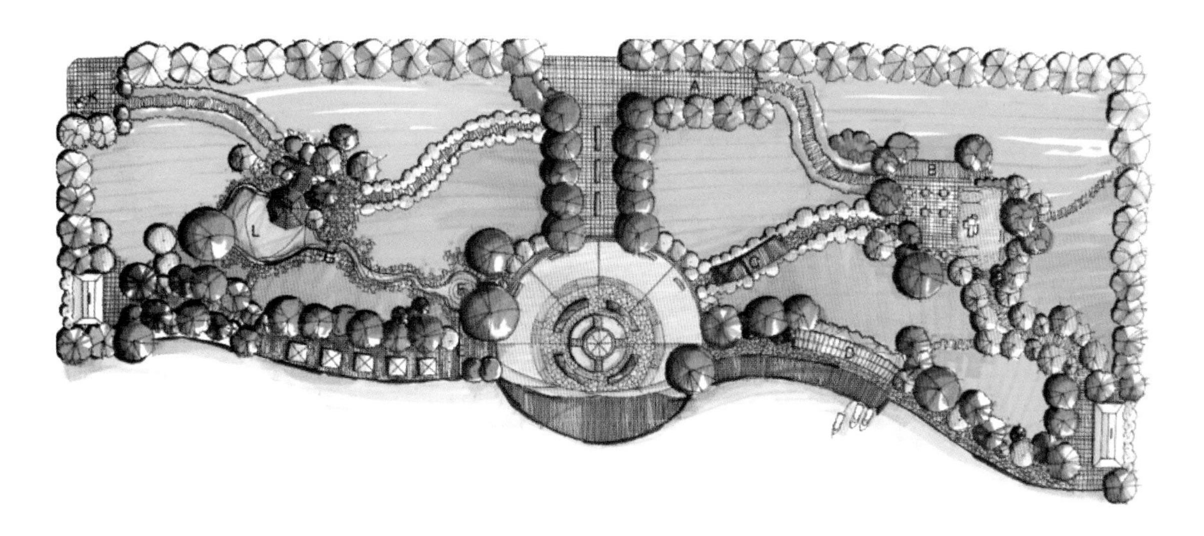

【实例分析 23】 此方案在构图上采用自由式的手法，以圆为造景元素，植物种植密度高，与不同材质的铺装结合形成的斑斓色彩给人们带来丰富的视觉的感受。绿地中设置的景墙、亭子、游廊等小品丰富了整个滨水景观，营造出一个生态休闲的景观空间。

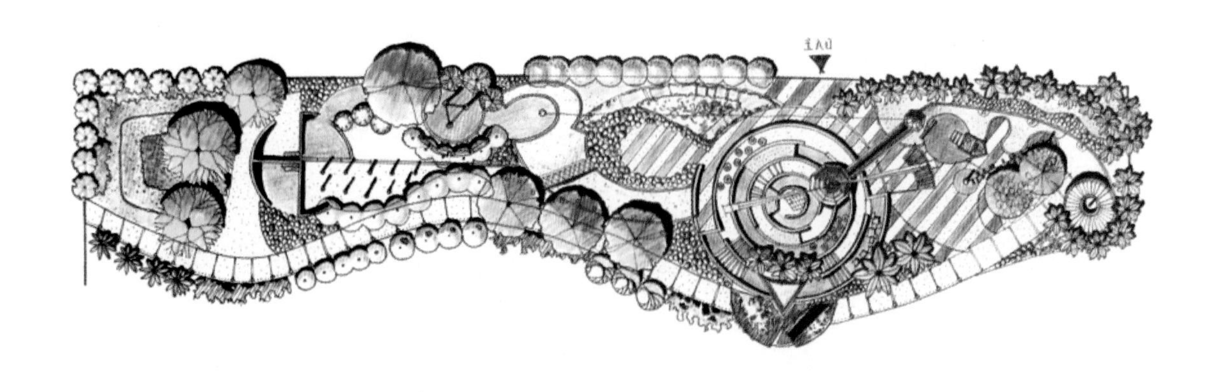

【实例分析 24】 此方案在设计上注重整体构图的美观性，道路系统的形式为自由舒展的柔美曲线，具体的景观节点在图形中尽量体现图案美，包括中心广场的铺装拼花和色彩划分，独具匠心。沿水岸线布置木栈道，保持整体设计构图特色的同时，增强其亲水性，充分满足滨水广场的功能性需求。

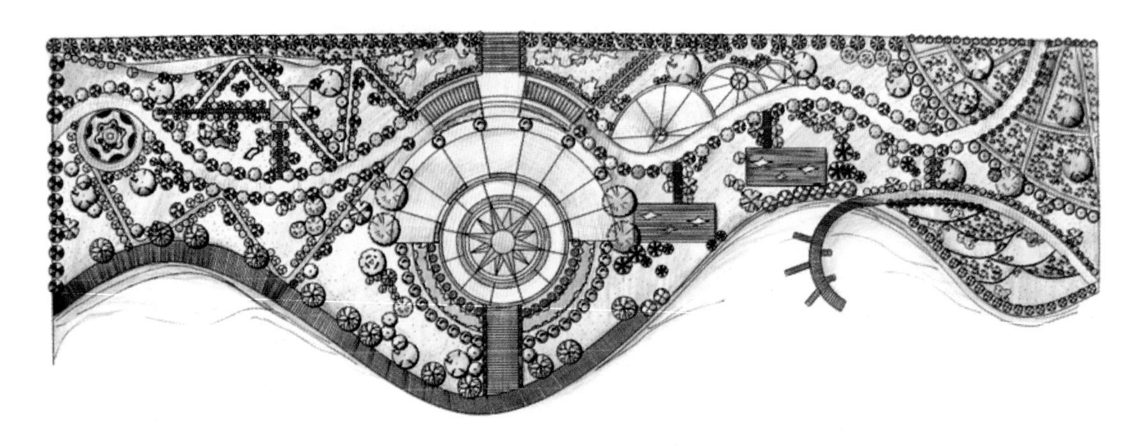

【实例分析 25】　此方案将水岸部分作自然沙滩式处理，通过加大人工景观和自然水体的距离，创造出一个供使用者自由参与的水岸，充分体现了景观的亲和力。在形式上，各个景观元素有聚有散，错落有致，带给游人轻松休闲的景观感受。

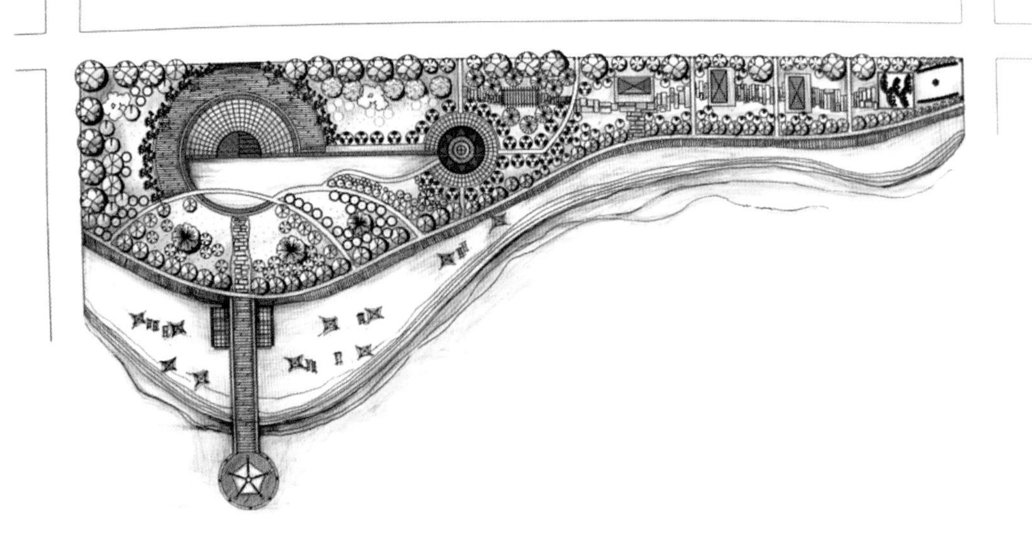

【实例分析 26】　此方案运用圆、椭圆、直线等不同的几何元素的变化及植物的绿化效果，景观设施之间创造出不同的空间效果。此外圆弧造型的亲水平台不仅丰富了滨水沿岸的图案效果，而且将人们与水的距离拉近，为人们提供了动态的乐趣，满足人们亲近水的天性。

【实例分析 27】 此方案景观设计形式主体突出，构图均衡美观。纵向景观轴线明确，视线通透，水岸广场呈外向开放形设计，充分结合水体，展现水体与中轴的视觉景观效果。横向景观轴线曲折，穿过绿地和中心广场，使景观视线更加丰富。

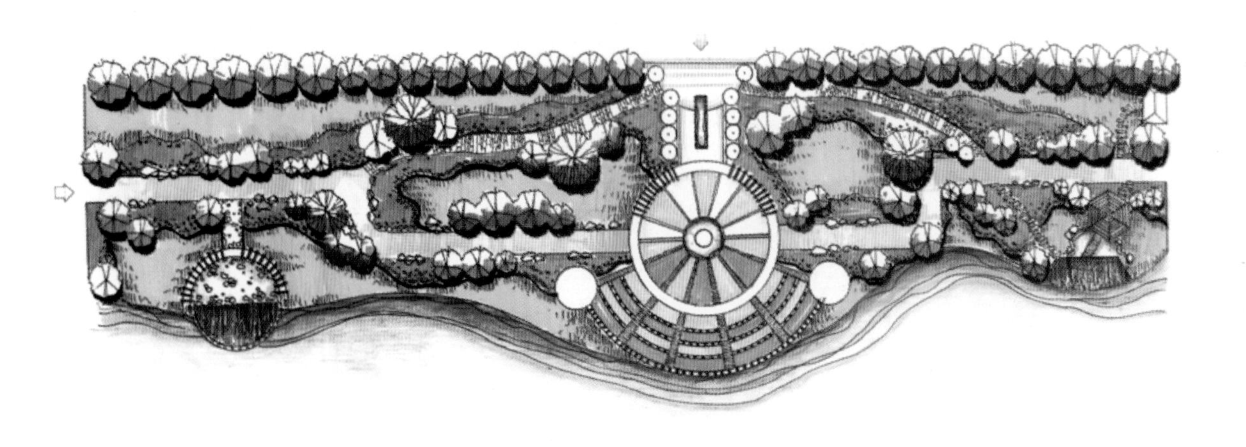

【实例分析 28】 此方案构图合理，节点突出。具体来看，横向的一条曲线道路贯穿始终，将各个景观节点联系起来；中心的景观节点为一个圆形的广场，两侧的景观元素依次展开，错落有致。水岸线的处理注重自然水景的效果，通过绿地系统逐渐过渡到水体，体现出整体景观的生态性。

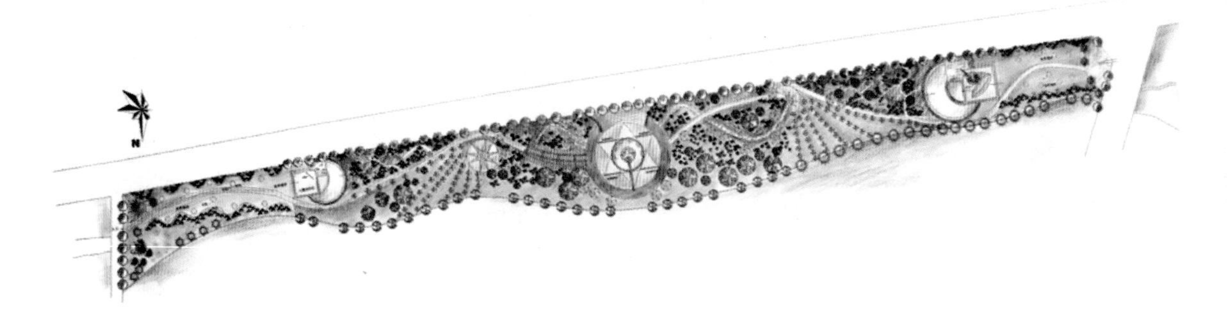

【实例分析 29】　此方案形式上来看，构图饱满，主要的景观节点选址考究，整体性很强。整个设计方案的道路系统非常具有特色，以自然式风格的园路曲折蜿蜒，根据地势相互贯穿，将各个景点和广场联系起来；道路与水体的关系具有丰富的变化，视线效果虚实相生，特色突出。

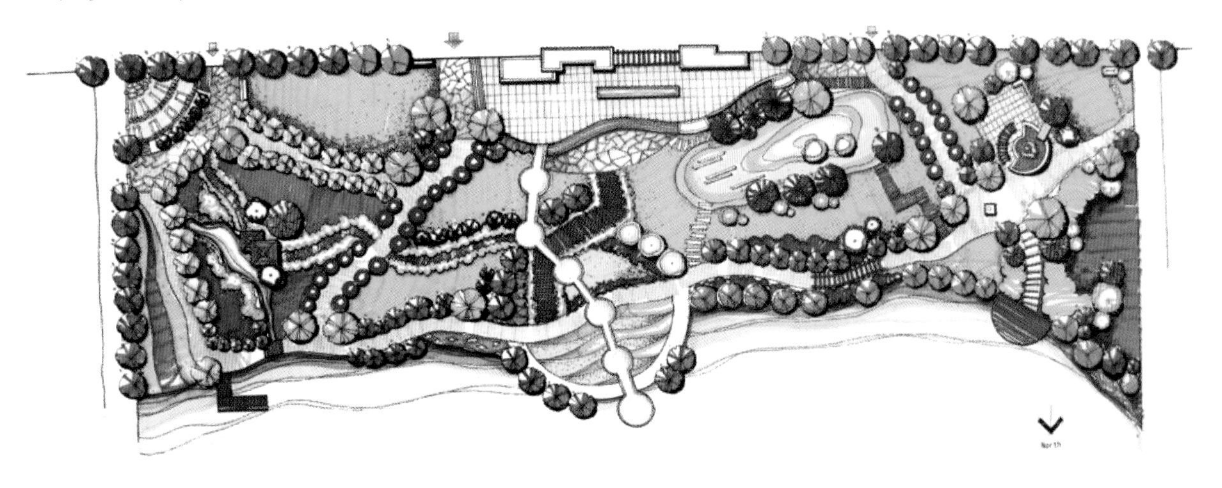

【实例分析 30】　此方案构图有主有次，主要的景观节点形式灵活，各景观节点之间的联系性很强。中心广场的设计内容丰富，景观元素合理，并且通过各级园路与周围的景观节点、出入口相联系。水岸的处理也是颇具特色，沿着曲折蜿蜒的自然式水岸设置若干景观节点，充分展示景观的亲水性。

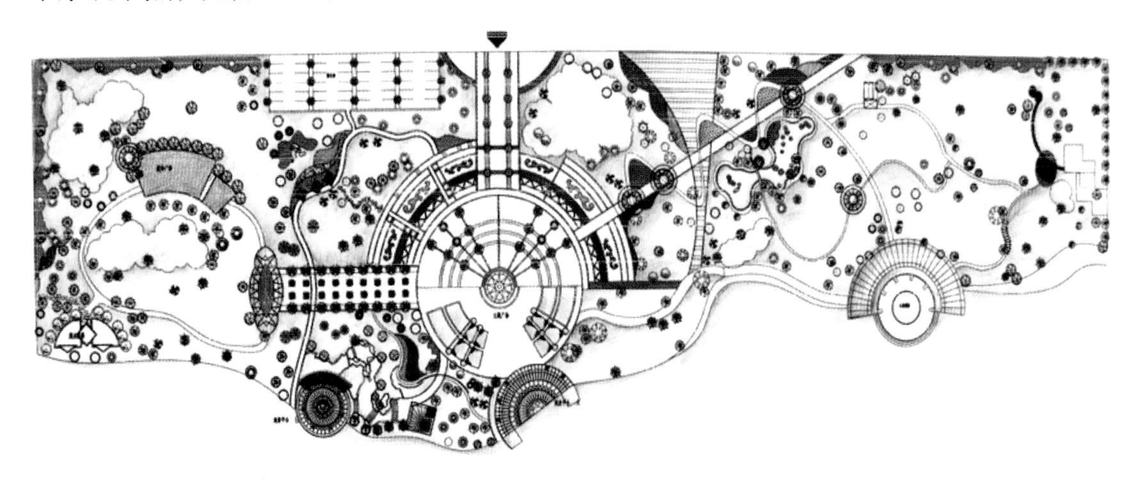

【实例分析 31】 此方案在构图上运用圆、方结合的形式。入口处视野开阔，别具特色的人工水景将游人引向水岸。水岸的处理富有变化，种植的水生植物不仅美化了环境，还起到一定的生态效应。

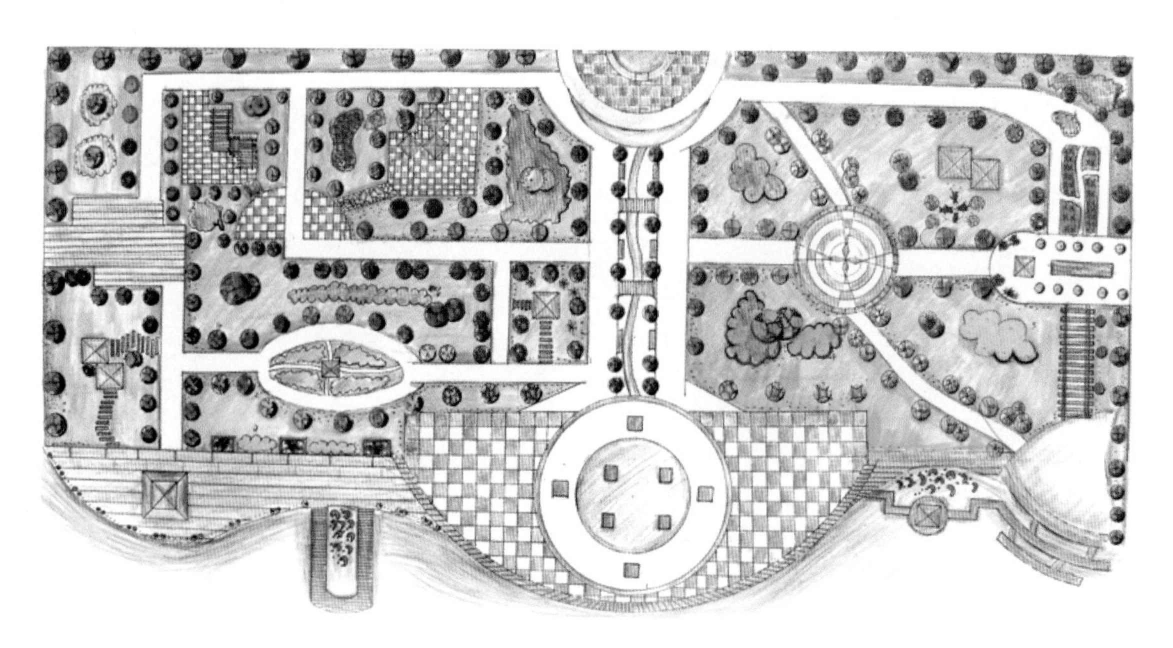

【实例分析 32】 此方案采用非对称式的构图，设计中直线与曲线相互搭配，形式较为多变，道路系统较为自由、便捷。整个设计有序、自然，在满足功能性需求的同时也满足了人们的审美需求。

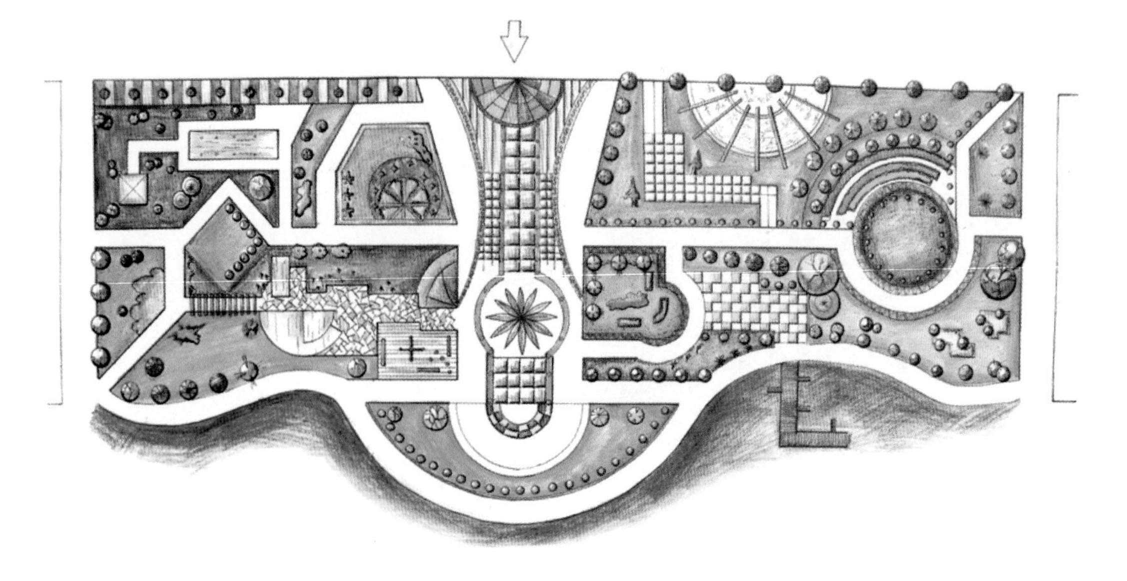

【实例分析 33】　此方案构图较为稳重、传统，规整的道路系统结合疏林草地，为人们提供了一个良好的休闲场地。沙地与木栈道的设计为人们的亲水活动提供了便捷。

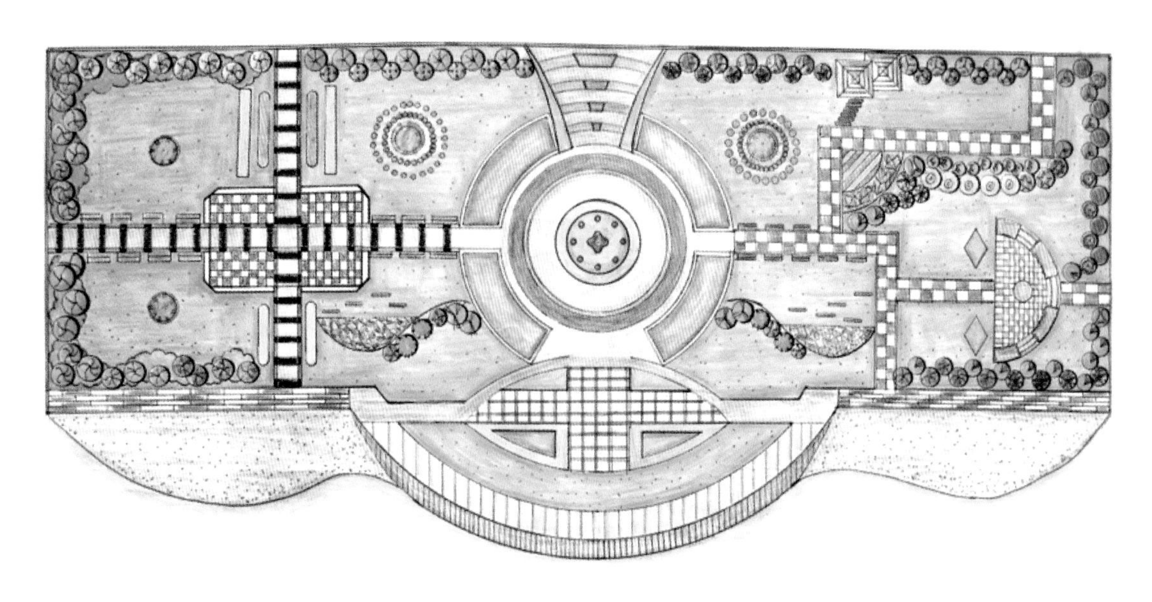

【实例分析 34】　此方案造型简洁，构图主次分明，设计以方圆结合，在和谐中寻求变化。设计中利用一条水景观带将三个景观节点连接起来，同时在主广场设置主要的景观构筑物，形成视觉焦点。

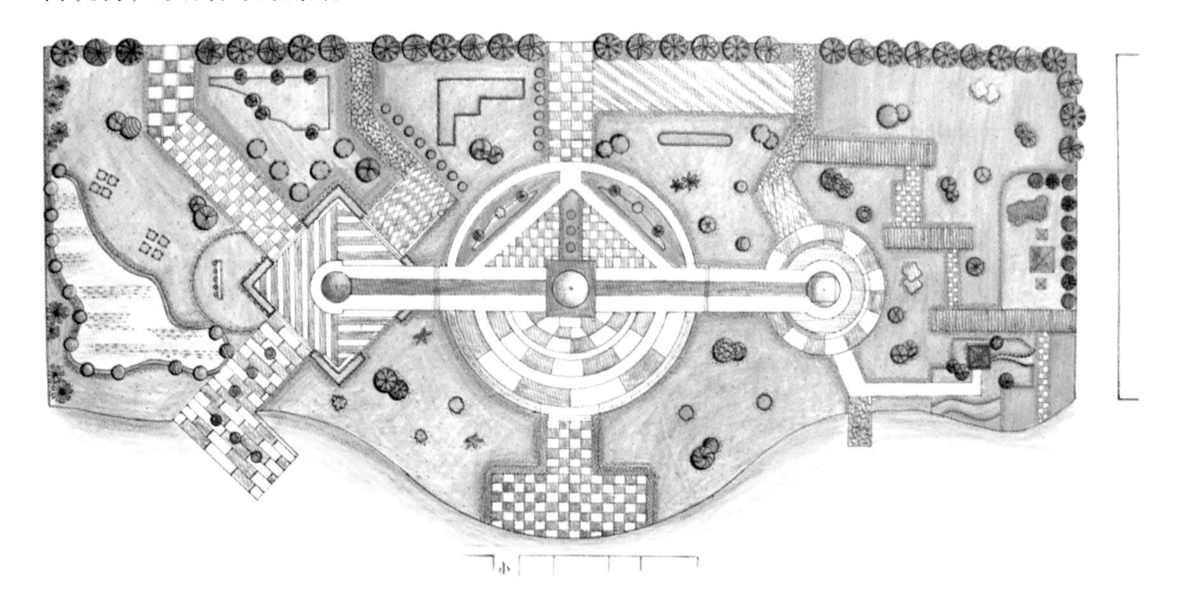

【实例分析 35】 此方案运用弧线将两个一大一小的圆连接起来，营造出一个柔和流畅的景观环境。在道路自然分割而成的绿地中设置的廊架、方亭为人们提供了自然、安逸的休憩场所。

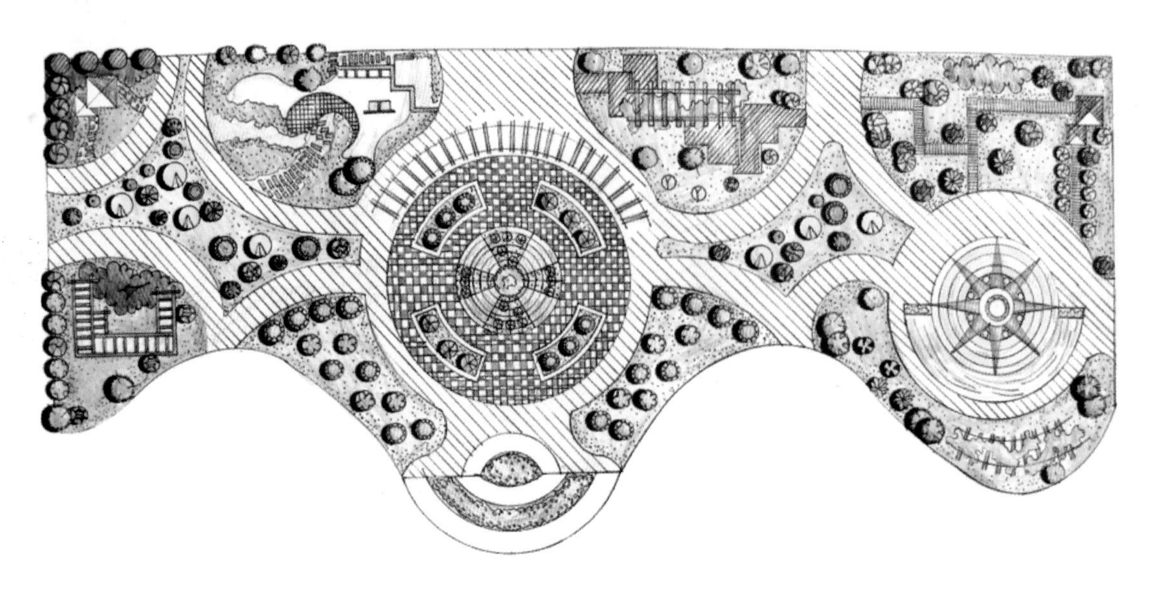

【实例分析 36】 此方案为某一城市滨水游园设计，采用自由式的布局，尺度感较好。两个半圆形结合而成的滨水广场形成场地的视觉中心。设计中景观元素较为丰富，平台、廊架、花坛、方亭、栈道相互配合，形成丰富多彩的景观。同时，设计中考虑到各种功能性的需求，如停车场的设置等。

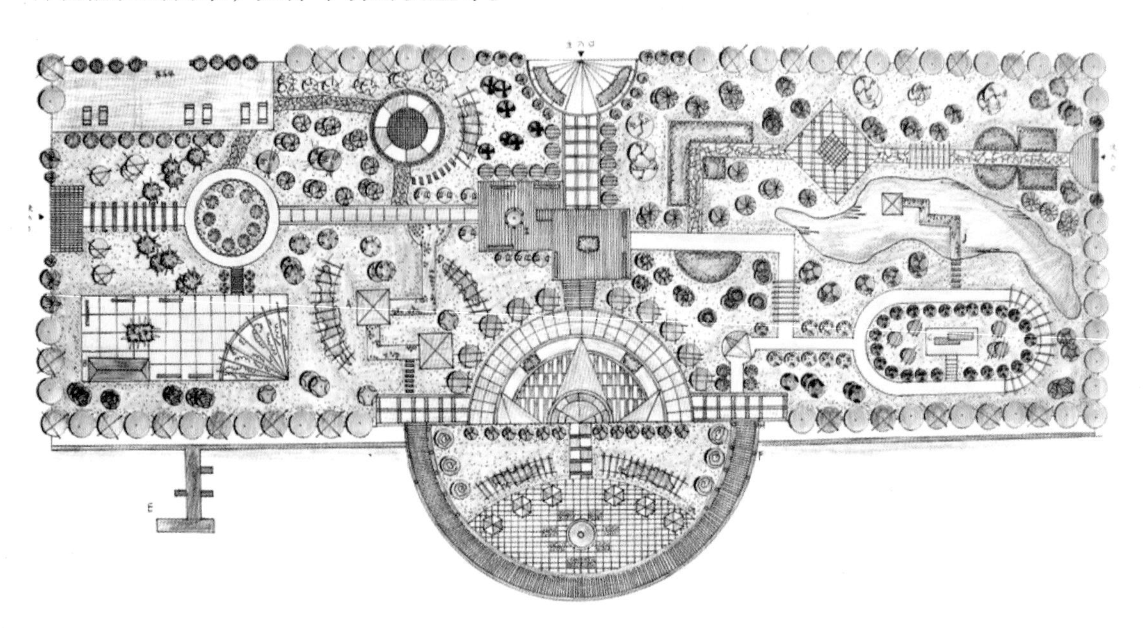

【实例分析 37】　此方案为某一城市滨水环境设计。设计构图上有主有次，富有变化。两端一大一小的两个圆形场地形成两个主要的景观节点。道路系统较为便捷，丰富的铺装材料与形式使场地别具风格。同时，设计中对水岸的曲线处理较为大胆，形成有节奏的曲线。

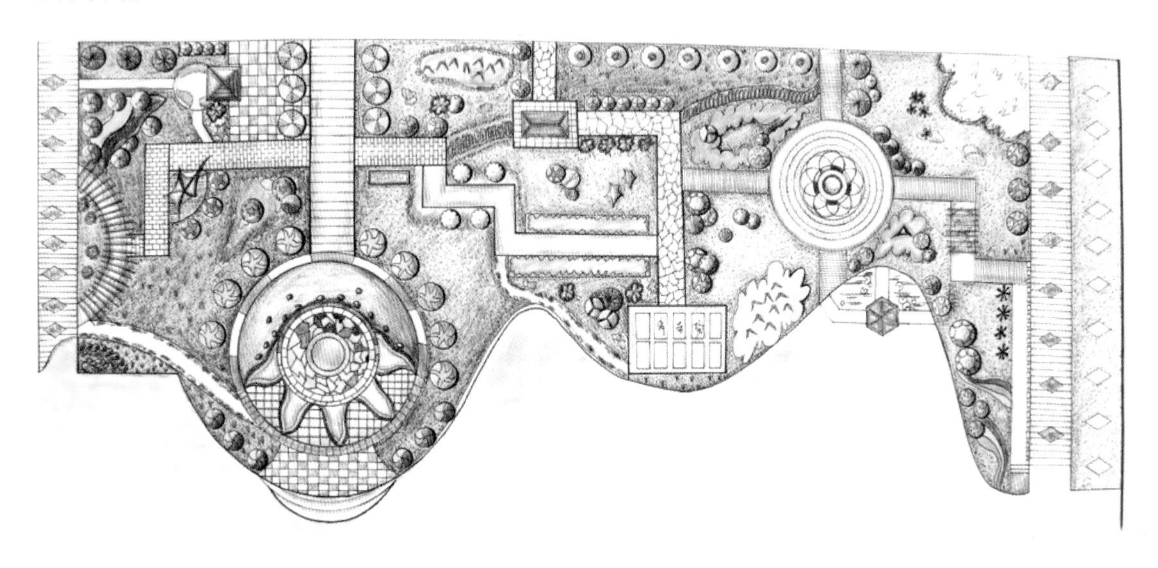

【实例分析 38】　此方案为城市某一滨水游园设计，采用均衡式的构图方式。设计中主入口与主广场相接，设置在场地的一侧，所有景观元素向另一侧有节奏的依次展开。道路设计曲折变化，铺装形式丰富多样。

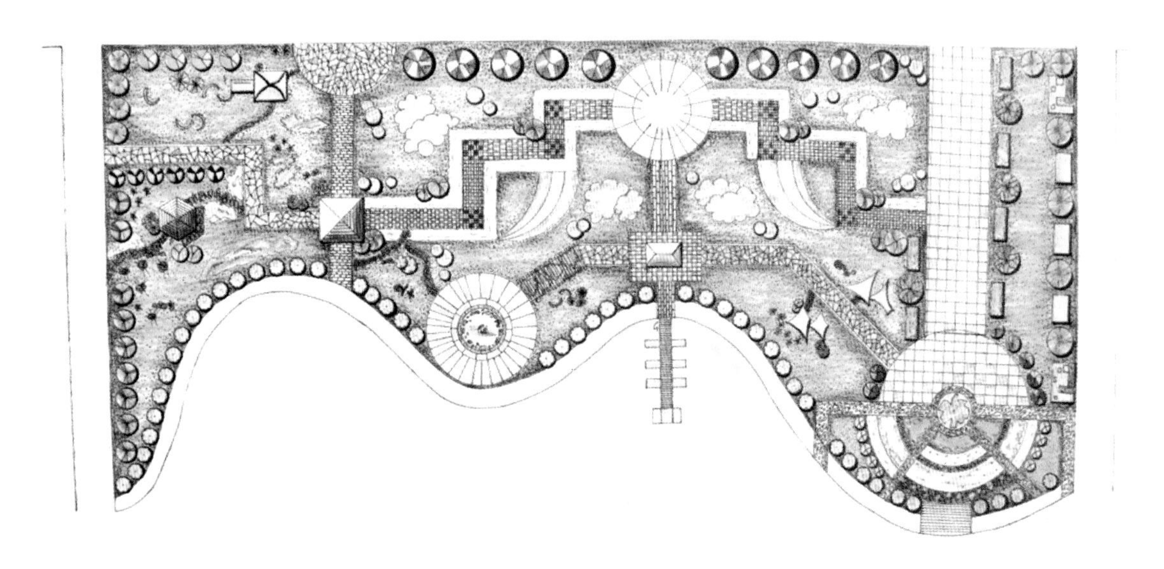

【实例分析 39】 此方案采用非对称式的构图方式。设计新式上较为大胆现代，人工水景包围下变化丰富的木质道路连接起主入口与水岸，景观中轴上的水景雕塑与张拉膜结构形成视觉上的节奏感。该场地在功能上满足人们休闲与聚会活动的需求，营造出一个现代、动感的休闲环境。

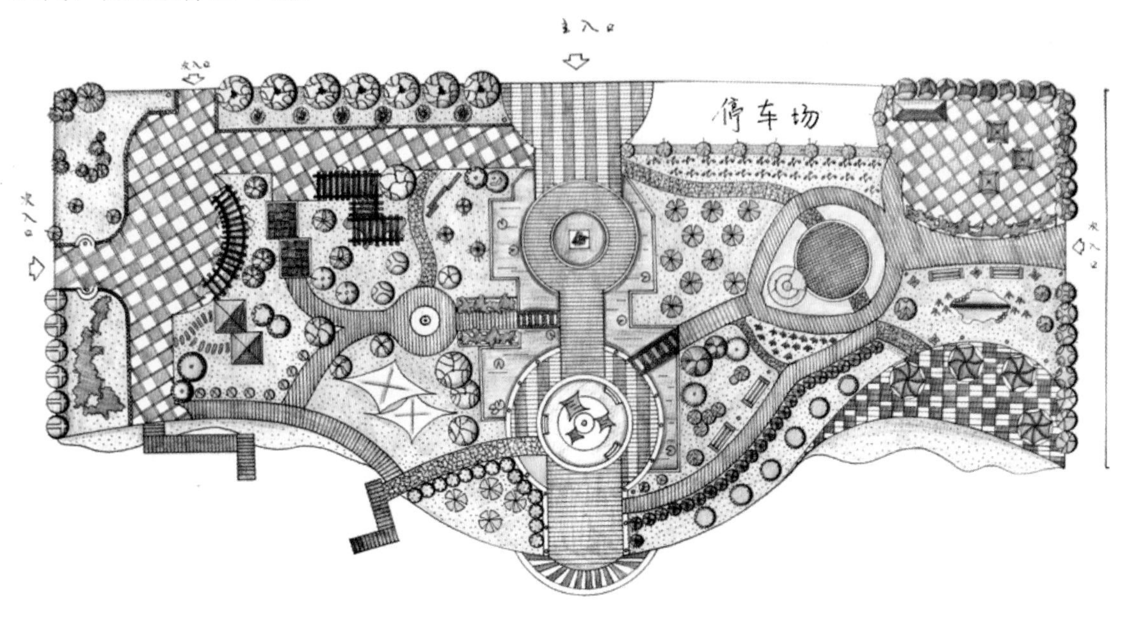

【实例分析 40】 此方案形式上看，构图均衡，整体性强；曲线的运用贯穿始终，从而在视觉传达中赋予其柔美的动感。视觉中心位于水体沿岸，游船码头、观景平台、水体舞台、休闲木栈道等滨水景观设施一应俱全。在水体舞台的处理上，将部分水体引入空间并结合驳岸绿化丰富了水域，彰显时代特征。

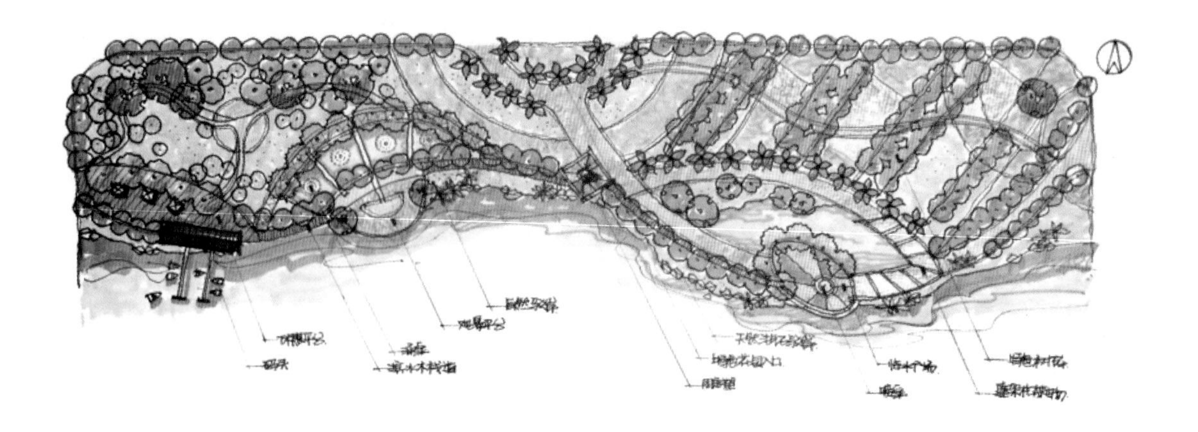

【**实例分析 41**】　此方案在设计构思上体现出了极强的功能主义特色。首先在平面布局上面，力求以最精简的设计元素来控制整个场地，沿着水岸设有木平台、木栈道和景亭等景观元素，而且别出心裁地利用场地地形，设计了一处游船码头，极大丰富了景观层次。带路系统充分配和景点的布置，而且顺势而变化，在局部演变为沙滩和小型的硬质铺装，颇具特色。

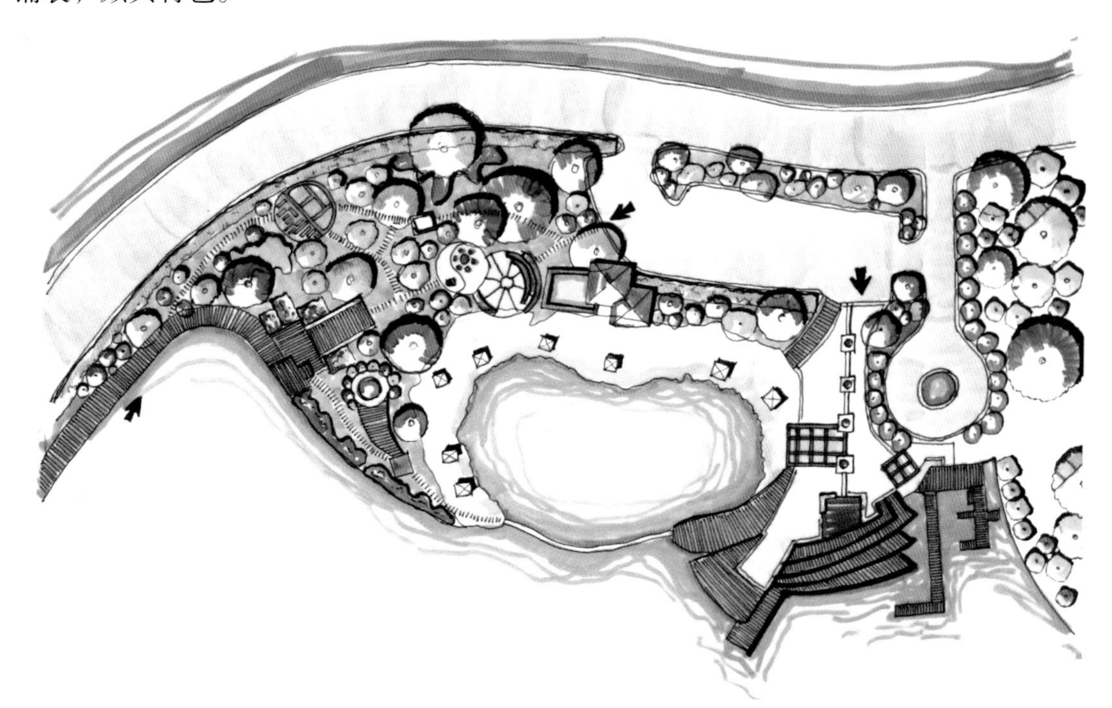

【**实例分析 42**】　此方案采用自然式的布局，在整个设计中灵活运用水系串连全公园，从一开始的高差流水小瀑布，到之后的观赏水系，再过渡到滨水沿岸，此设计流畅而富有形式美感。其中，水系与木栈道的结合，让游客有贴近自然的感觉，伴随着水系流动声，营造出了人与自然和谐共处的美好画面。

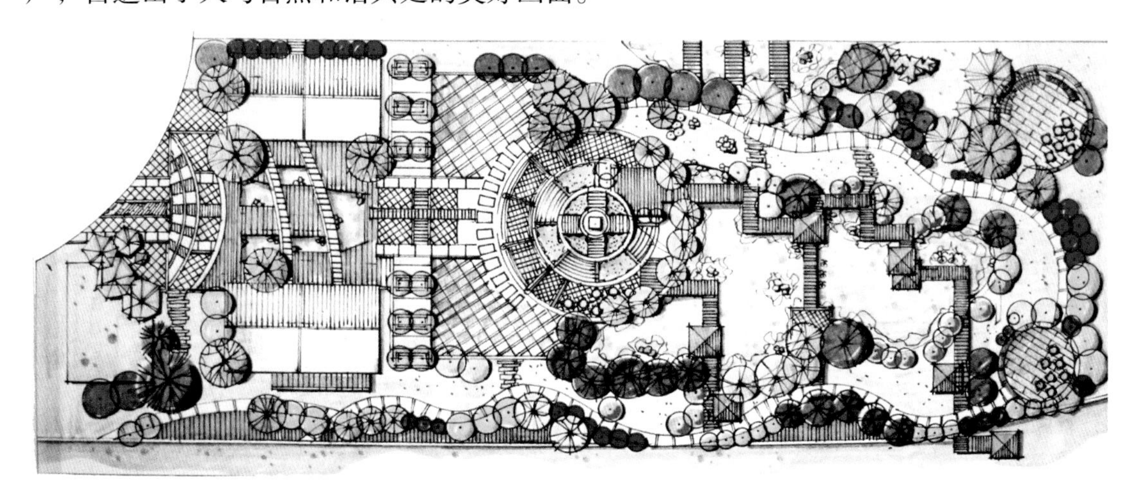

【实例分析 43】 此方案根据规划范围所处的地理位置及环境特征，以美化城市景观，改善整个城市的环境质量、丰富公园休闲内容等方面出发，创造出以植物景观为特色，集休憩、娱乐、健身、儿童游戏等功能为一体，具有浓郁休闲公园特征的城市综合性公园。

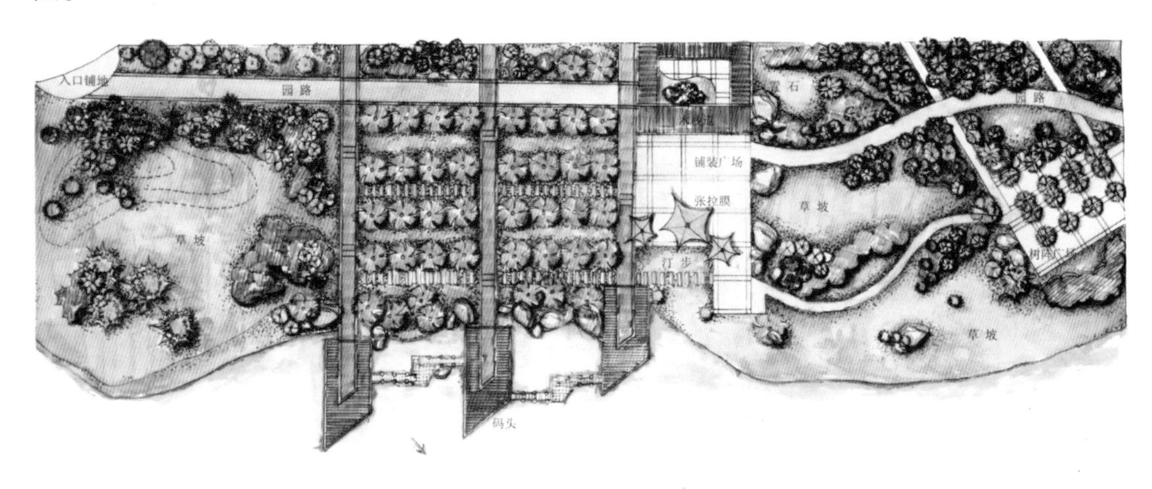

【实例分析 44 此方案是一条连接新老公园区块的纽带，通过水文化把两者有机联系为一体，使公园安静的历史文化区与体育活动区天然过渡。滨水沿岸也设计了一些可以供人停留，可观赏风景的休闲平台等景观空间，此细节的设计让整个公园更加富有灵气。整条水带分为休闲垂钓区、水上活动区、溪涧湿地区、荷塘月色区，形成市区一处集湖、岛、溪流等多种体验的自然水系，极大的丰富了公园的景观态和生态格局，达到山清水秀的艺术效果。

【实例分析45】　此方案设计构思围绕“阳光—水岸”这一主题展开，以象征水纹的曲线为主题，营造一派生动，热情，浪漫的灵动景象，主要围绕至南向北的中轴景观广场形成相对集中的主景区，与由其辐射出的景观副轴线相呼应。本方案的设计手法丰富多彩，一边是跌水，落水，音乐喷泉，热情奔放如梦似幻，一边是幽静的静水倒映着现代景观构架，呈现出闲雅，景逸之景象。

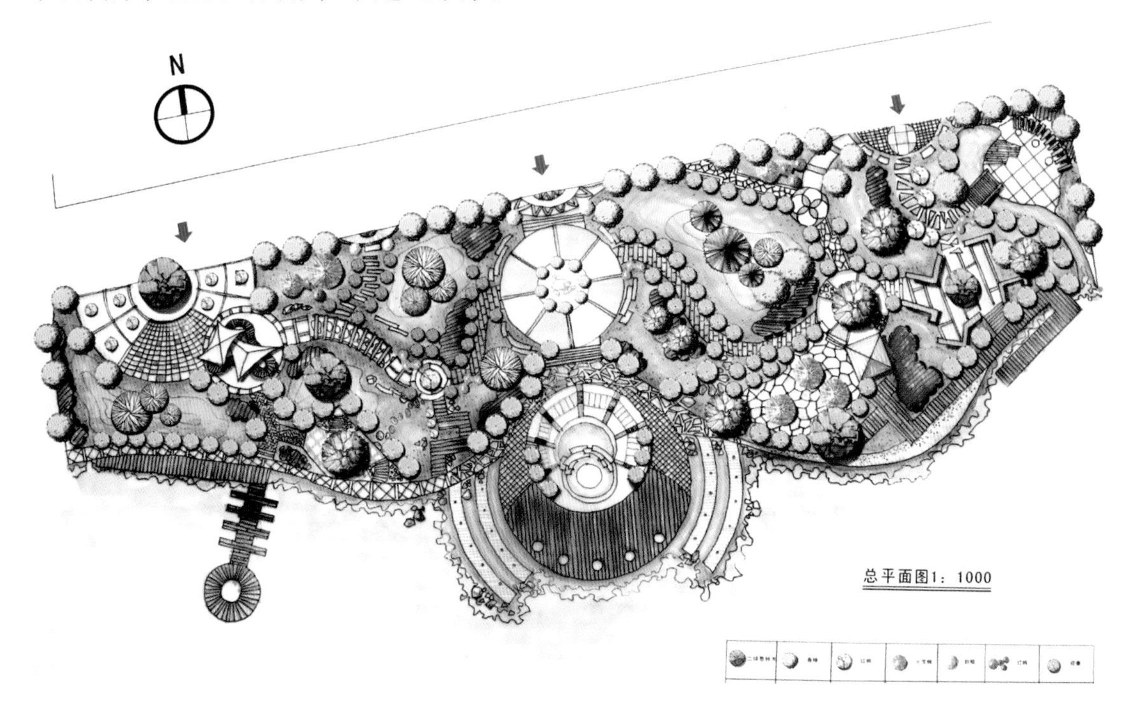

【实例分析46】　此方案为城市滨水景观设计，它重新演绎了人与山水文化的对话与交流，人与自然共生，人与人的交流及人与城市的关系，设计遵循了人性和谐的原则，注重了景观空间无论是视觉还是功能上与城市空间的联系。整个规划将景观按人流活动量和嘈杂度可以分为闹、动、静三大区域空间景观形成由人工向自然渐进的审美感受以及人文景观和自然景观交相辉映的空间序列。

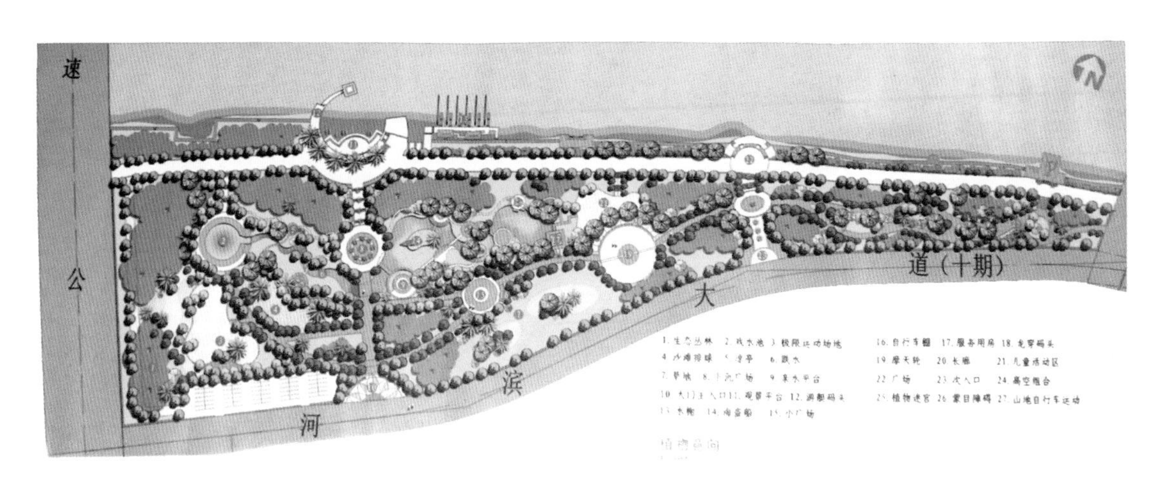

第十二章

城市滨水广场景观设计实例分析

【实例分析 1】 此方案构图主次分明，以圆与弧线为主要造型元素，大小搭配、活泼流畅，赋予变化。休闲绿地园路巧妙穿插，形成独具特色的空间布局序列。铺装材料形式多样，使得园路具有较丰富的肌理效果。

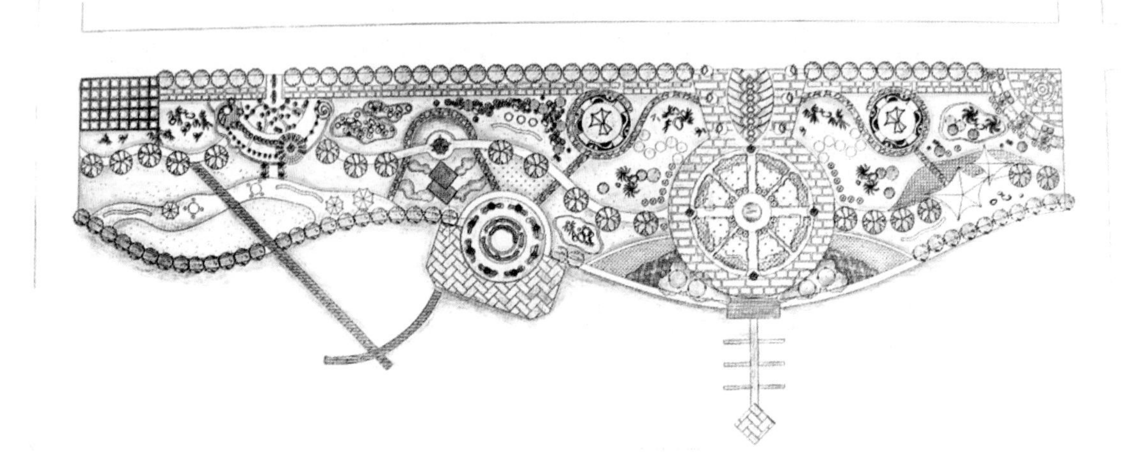

【实例分析 2】 此方案在设计上注重整体构图的美观，景观轴线突出，以硬质铺装的不断变化构成整个画面的亮点，具体的景观节点体现画面的设计感。沿水岸线布置的木栈道有效地将硬质铺装与水体进行自然的过渡，方便游人观赏水景。

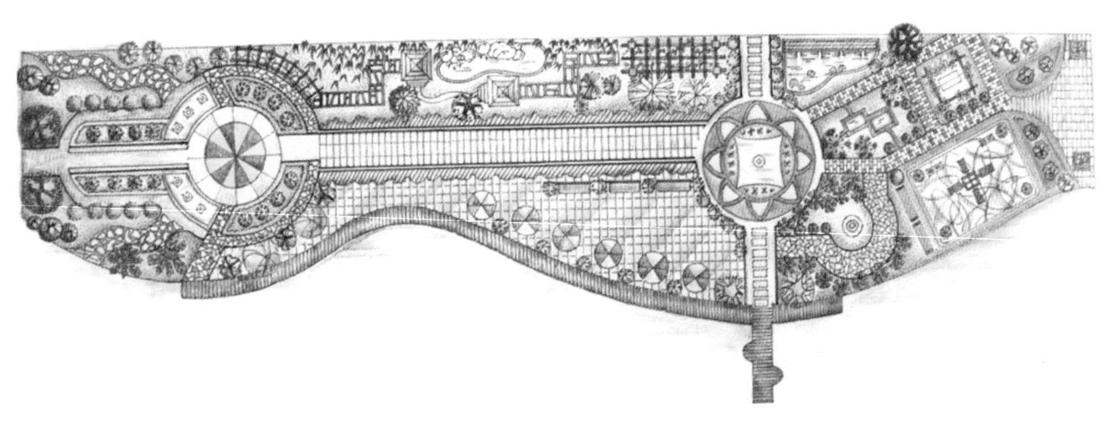

【实例分析 3】　此方案构图饱满、中心明确、整体性强，点、线、面元素恰到好处的结合使得画面充满动感张力。各种形式的流线将画面分割的井然有序，丰富的景观小品与独具特色的植物配置相得益彰，营造出人文与自然统一和谐的生态景观环境。亲水木栈台的设置呼应了流畅的水岸线，充分体现亲水的设计理念。

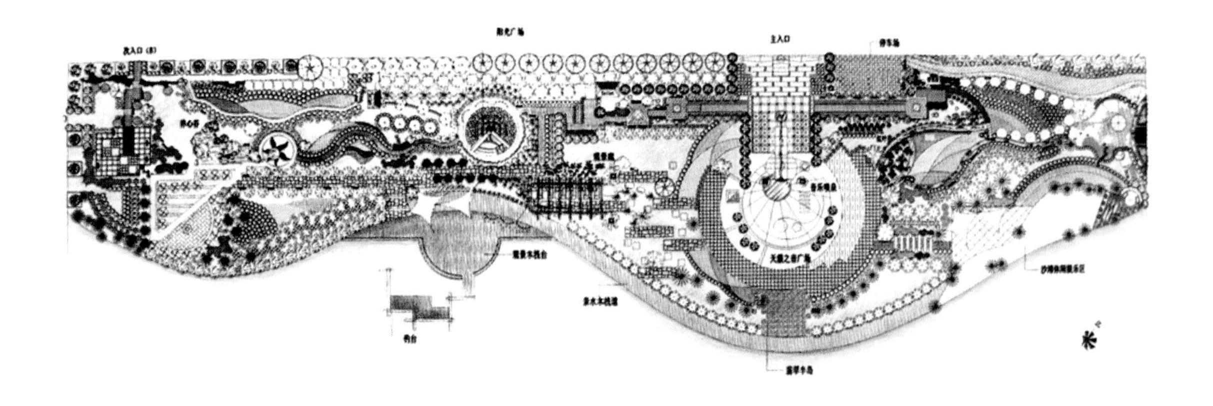

【实例分析 4】　此方案构图形式上简洁明快，景观轴线清晰。硬质铺装作为整个画面的结合弧形与放射状的园路，丰富了主体广场的布局。岸边大面积草地的使用，形成水体与铺装广场的过渡空间。

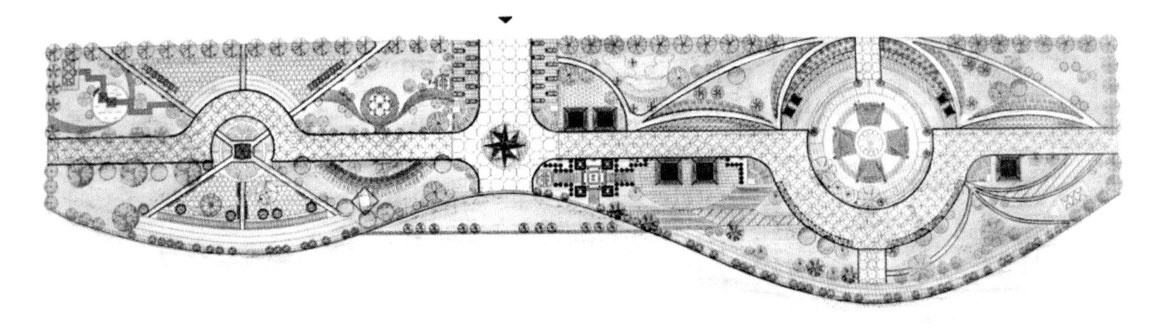

【实例分析 5】 此方案利用自由延伸的道路连接若干个节点广场，广场的景观设计对称整齐，视野开阔。随着中心道路的贯穿，在滨水区沿线形成了一条连续的公共绿化地带，强调了场所的公共性、功能内容的多样性，创造出满足市民及游客渴望滞留休憩场所。

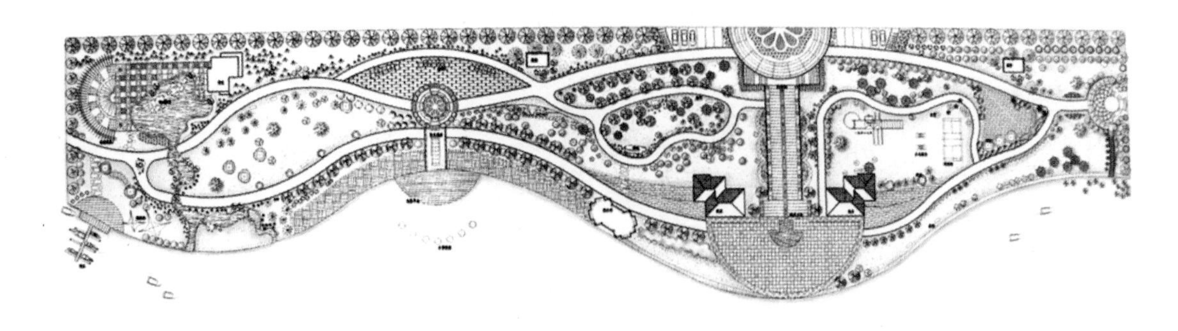

【实例分析 6】 此方案形式丰富多变，曲直结合，贝壳状海螺形的广场让人们充满想象，呈现出景观功能的多样性。临近水面的滨水区提供多种形式的功能，如林荫步道、成片绿茵休憩场地等，设计还包括儿童娱乐区、音乐广场、游船码头、观景台、赏鱼区等，给人们创造一个进行各种活动组织的室内外空间。

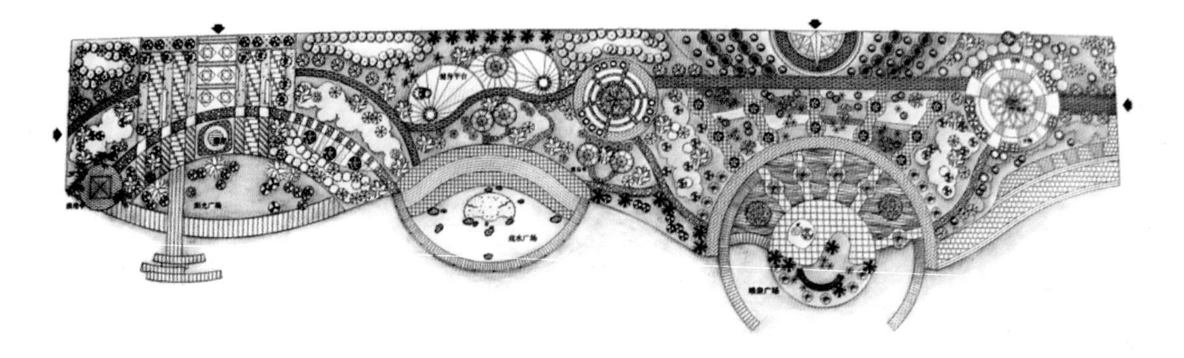

【实例分析 7】　此方案形式上构图合理，主次分明、功能明确，将整个景观区域分为左右两部分，景观节点突出。具体来看，道路始终贯穿于各个广场节点之间，将各个景观节点联系起来；两侧区域的景观元素依次展开，错落有致。水岸线的处理注重自然水景的效果，点线面相结合，注重水体的可接近性。

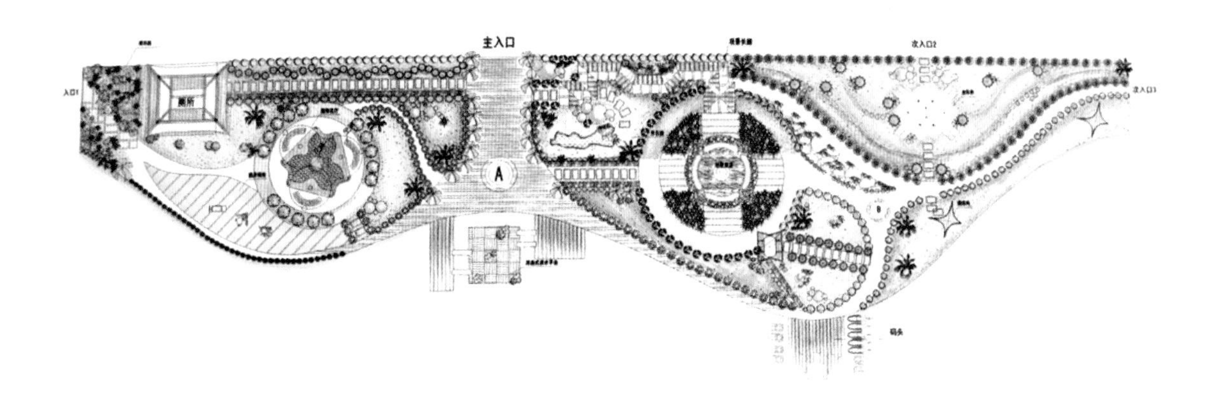

【实例分析 8】　此方案木栈道的曲直将总体道路景观联系在一起，右侧的中心广场各个景观节点的有机联系，景观形式主体突出，构图均衡美观，景观构图饱满，内容丰富。周边区域设计以绿地为主，节奏舒缓轻松，为城市居民提供一个自然亲切的景观休憩场所。

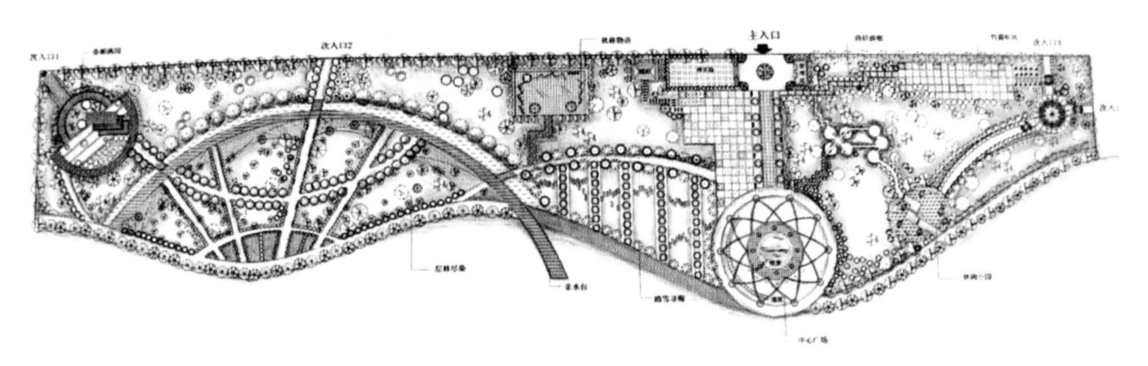

【实例分析 9】 此方案规划注重功能和形式的统一，交通道路主次分明。视觉中心为音乐喷泉广场，富有变化的彩色地面铺装与水池巧妙的结合，为整个空间增添了无限生机。驳岸采用木质平台与硬质铺装相结合的方式，为游人提供最大限度的亲水场所，体会不同的视觉感官乐趣。

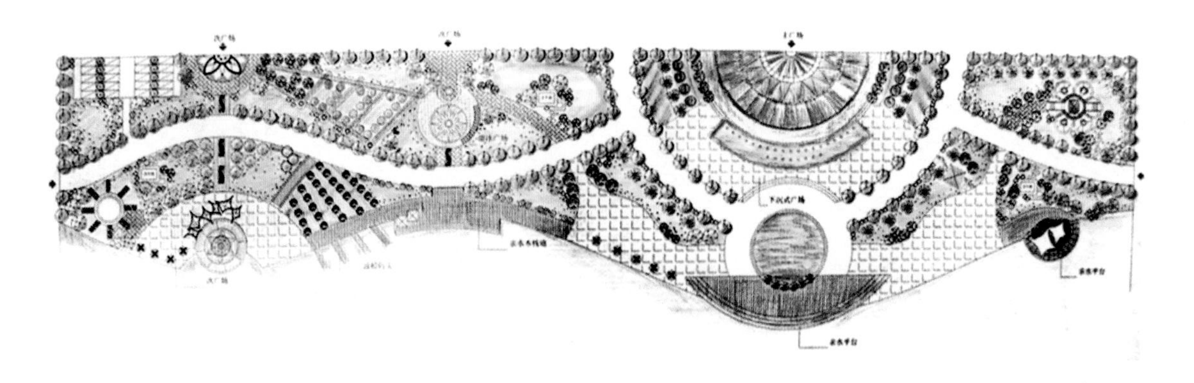

【实例分析 10】 此方案采用对称式手法。圆弧形的亲水平台紧接着圆形主景，主景经过切割、交错处理，设计新颖。景观设计中步道的铺装设计别具一格，同时在立面上有高低层次变化，营造出一个丰富、怡人的休闲空间。

【实例分析 11】　此方案在充分利用矩形的地形基础上，采用曲线形的驳岸设计，在扩大亲水面积的同时使整个设计更加活泼。在形式上运用圆、方、直线等基本的几何元素，通过简单组合，巧妙的设计出具有特色的滨水景观。

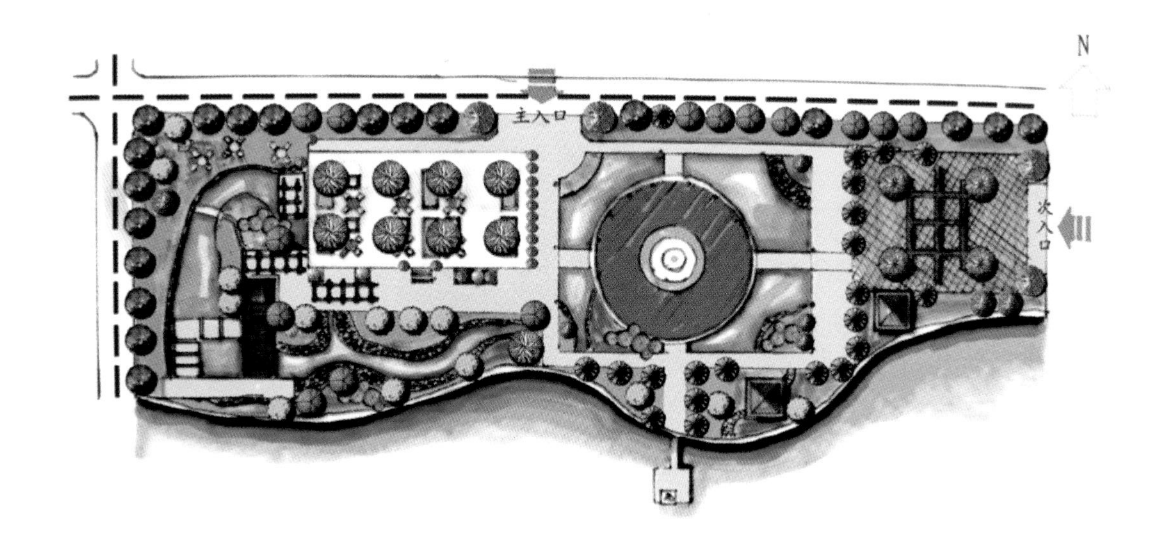

【实例分析 12】　此方案采用中心对称形式，力图使空间布局达到视觉平衡的效果。铺装的变化，带动了滨水环境的活泼氛围，使人们在轻松的环境中游憩，并做到移步异景的效果。主体广场向水中延伸，打破了水面的平静，增添动态之感。

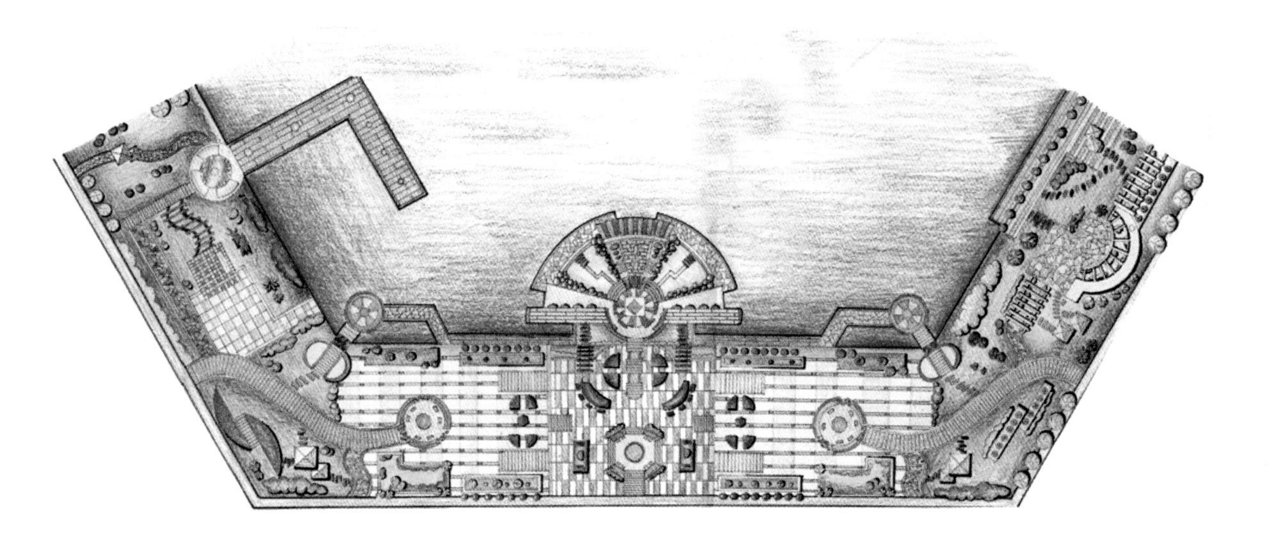

【实例分析 13】 此方案巧妙地将原地形作了些处理，其灵活的设计手法增加景观的趣味性，在设计中注重其功能性，体现人性化的设计理念。主景与局部以圆形、方形互补，造型丰富、活泼自由。

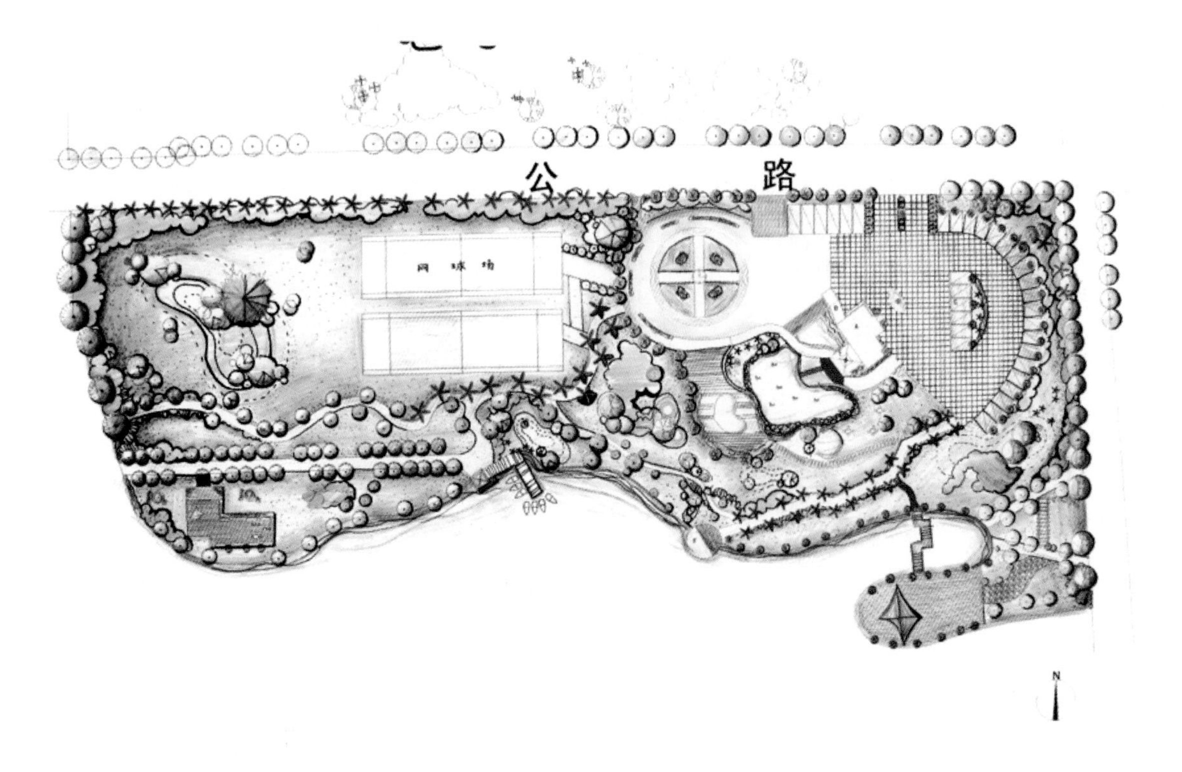

【实例分析 14】 此方案采用非对称式的设计手法。主要采用圆形的几何图案，中心景观突出，主次分明，整个方案条理清晰具有节奏感。种植大量的乔灌木，丰富了景观林缘线，美化了城市环境。

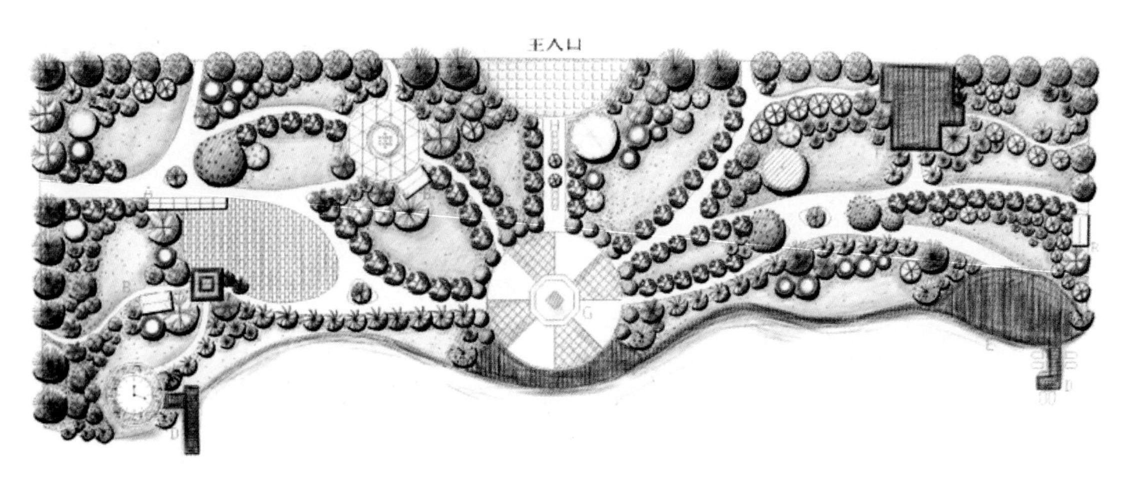

【实例分析 15】 此方案为某城市的滨水景观设计，采用自由式的构图手法。本方案设计手法大胆，灵活的运用曲线将广场划分为三个功能明确的景区、营造了耳目一新的景观空间。本设计的主景造型新颖，景区小空间的水景与大面积水景相互呼应，形成了视觉上的连贯性。

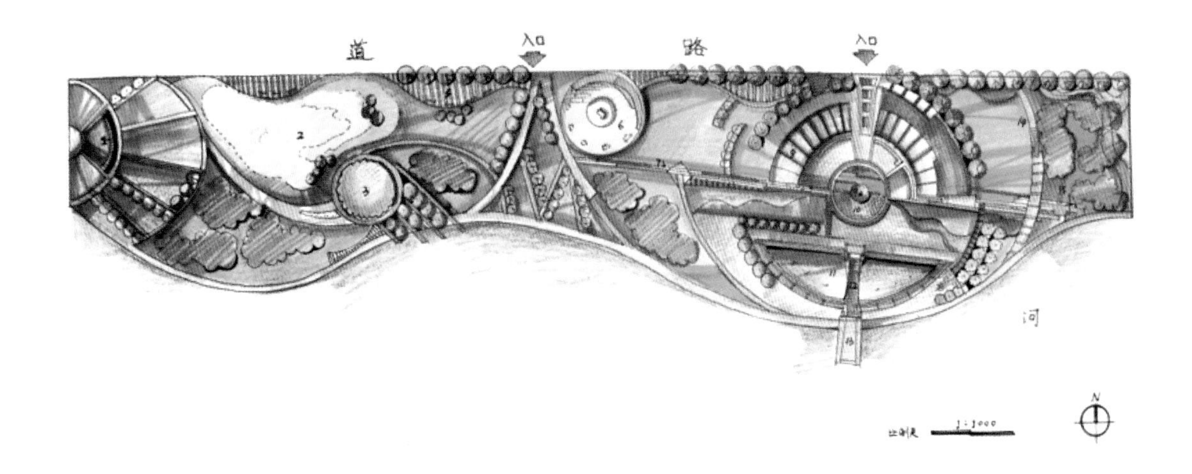

【实例分析 16】 此方案设计手法新颖独特，运用曲线将大量的直线串联起来，使景点紧凑有节奏感，且平面造型丰富。本设计在临水一侧布置了造型独特的木栈道亲水平台，满足了游人与水亲近的需求。

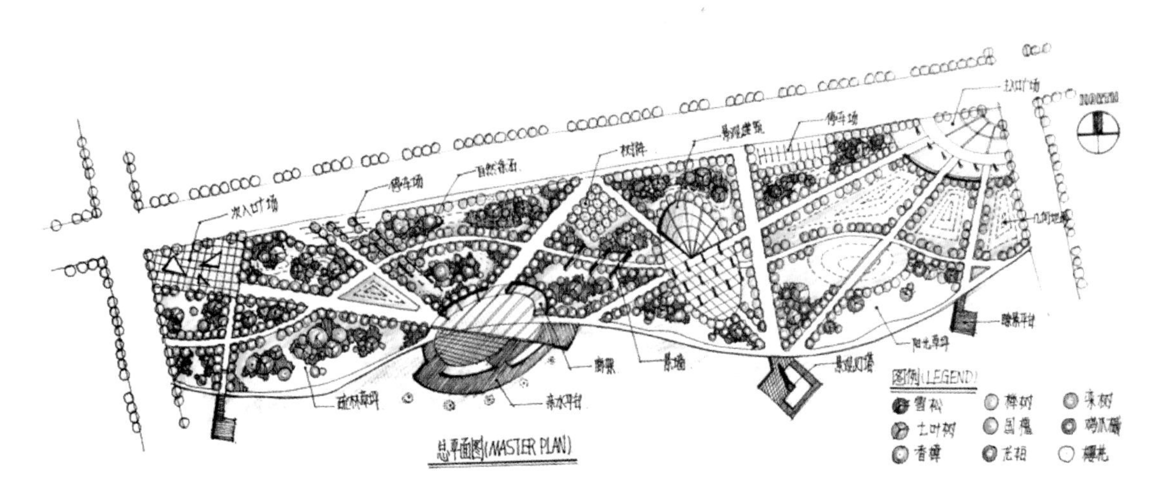

【实例分析 17】 此方案采用非对称的构图手法，造型富有创意，功能明确。主景突出，以圆为设计元素，简洁大气。主景两边的小丘陵设计增加了广场的趣味性，丰富了地形的变化。

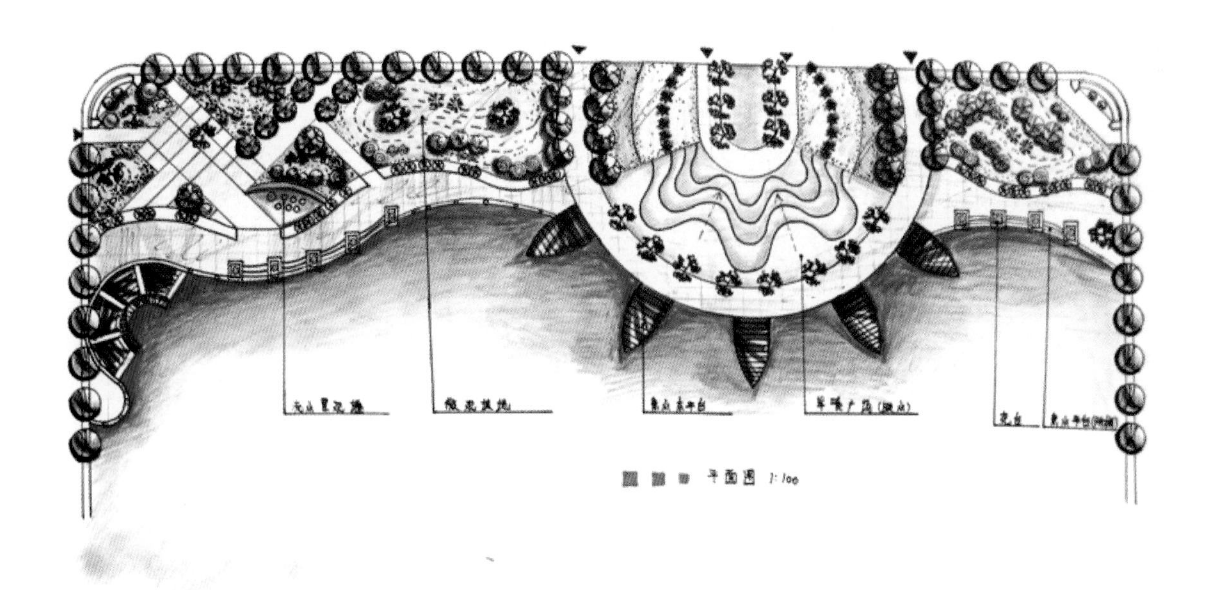

【实例分析 18】 此方案采用非对称的构图手法，主要景观节点造型不一，变化之中又体现统一。音符造型的主景，与临近的水体谱成一曲动人的乐章。水体与层次起伏的植被构成和谐的广场景观，而花架、亭子等景观小品点缀其间，呈现出具有动感与活力的滨水景观。

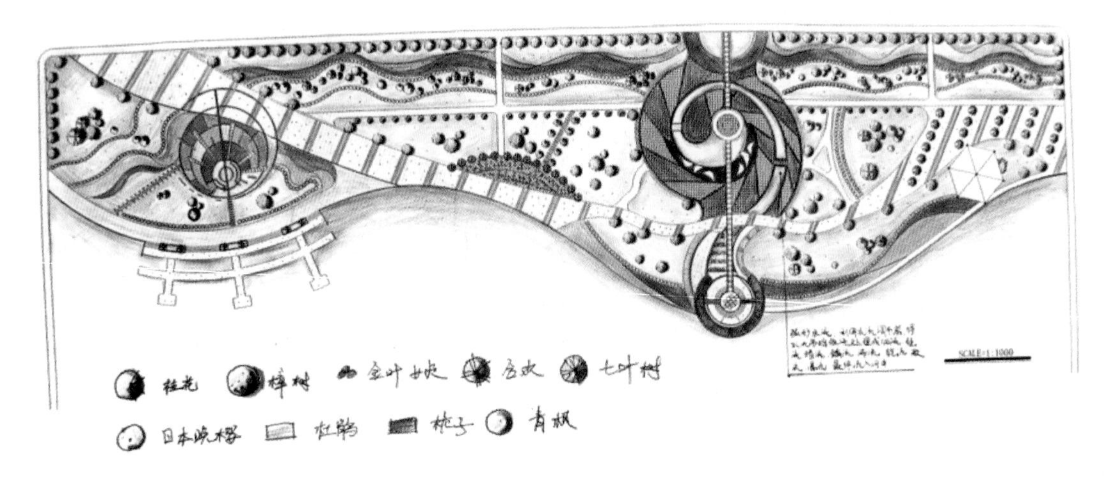

【实例分析 19】 此方案首先突出主体景观中心，总体系统以中心滨水广场为节点，通过道路和次要的景观节点辐射到整体之中。中心广场以人工的景观元素为主，包括大量的硬质铺装和框架。其他区域以自然式景观为主，使其与广场产生种质的对比。

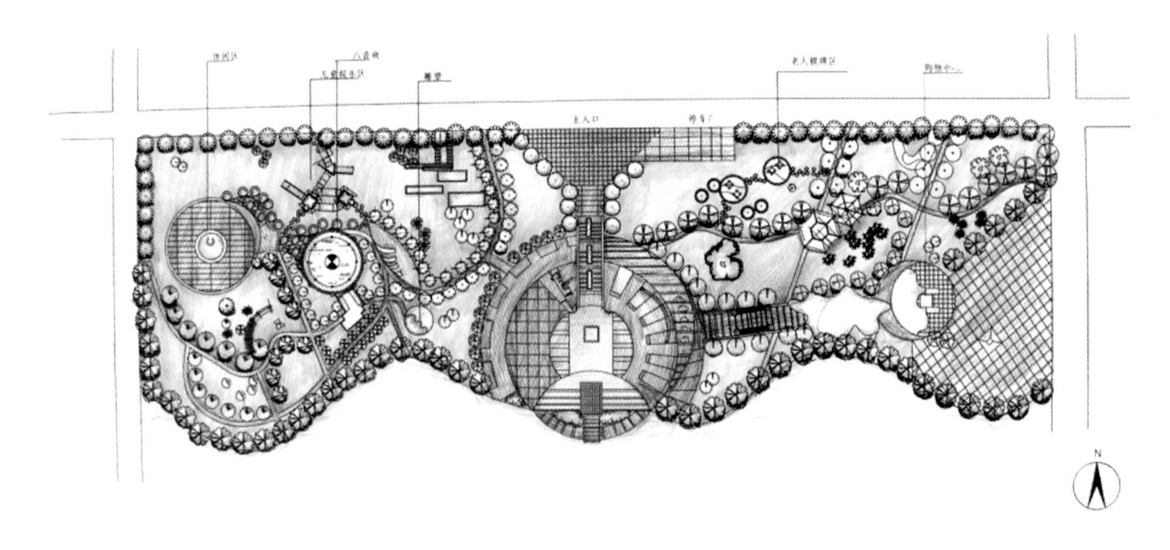

【实例分析 20】 此方案位于风景优美的太湖畔，地理条件得天独厚。此设计采用自然的曲线，以流线的设计手法衬托出生态自然的主题。设计旨在体现太湖优美的生态环境，打造太湖靓丽风景线，同时满足人们生态休闲、居住旅游的需要。同时此方案重在突显城市浓郁的历史文化气息，自然生态的宜居环境，良好的旅游休闲场所，吸引人的商业投资环境，引领时代、开创未来，成为太湖畔一颗耀眼的明珠。

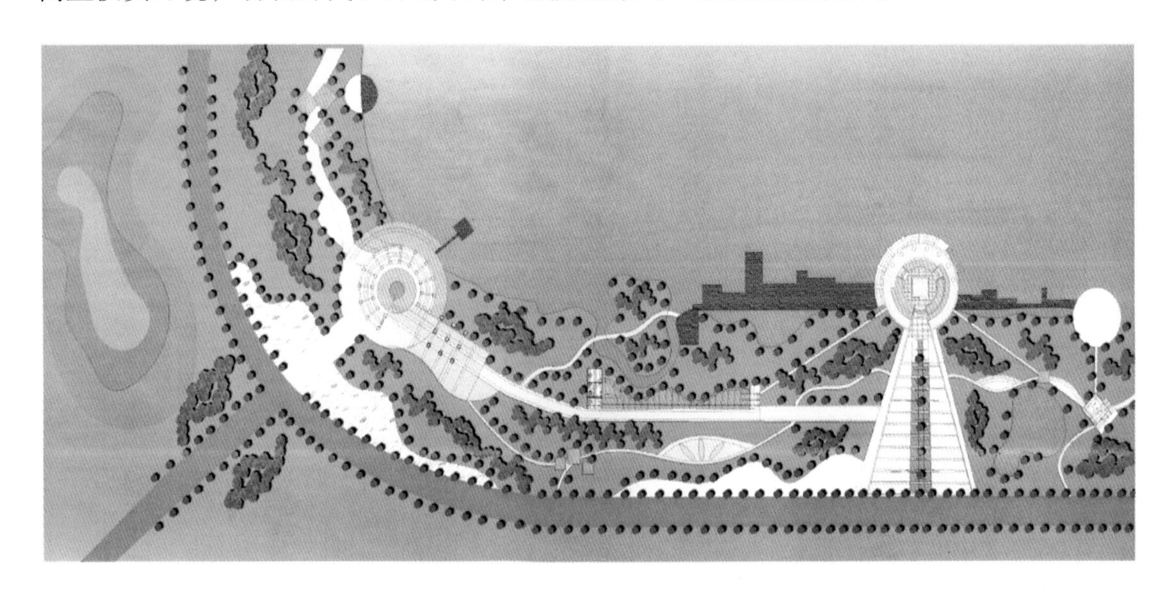

【实例分析 21】 此方案为火车站滨水广场设计，所处位置景色优美，碧波荡漾，整个广场分为三个部分，六个景点。火车站属于人流量较大的场所，整个设计应利于人流疏通，景观与水景结合，给游人焕然一新的感觉，同时为附近的居民提供一个休闲娱乐的场所，作为人流密集的火车站站前集散地，是滨水景观设计中的经典。此外，植物设计注重彩色树种的应用，为火车站滨水广场营造色彩斑斓的旖旎景色。

【实例分析 22】 此地块濒临长江，位于滨江风光带中，该方案以蝴蝶作为创作构思，以水贯穿全局。设计中突显舒适自然的设计理念，由多种设计元素组织交汇而成，在平面与立面中同时运用丰富的变化，使得整个广场统一中带有韵律。广场景观主次分明，小中见大，创造出灵活多变的休闲空间，组成和谐的滨水景观。此外，在本方案设计中多处采用了木质材料，运用木栈道、木平台、木制铺装、树池坐凳等共同营造亲水木质景观空间。

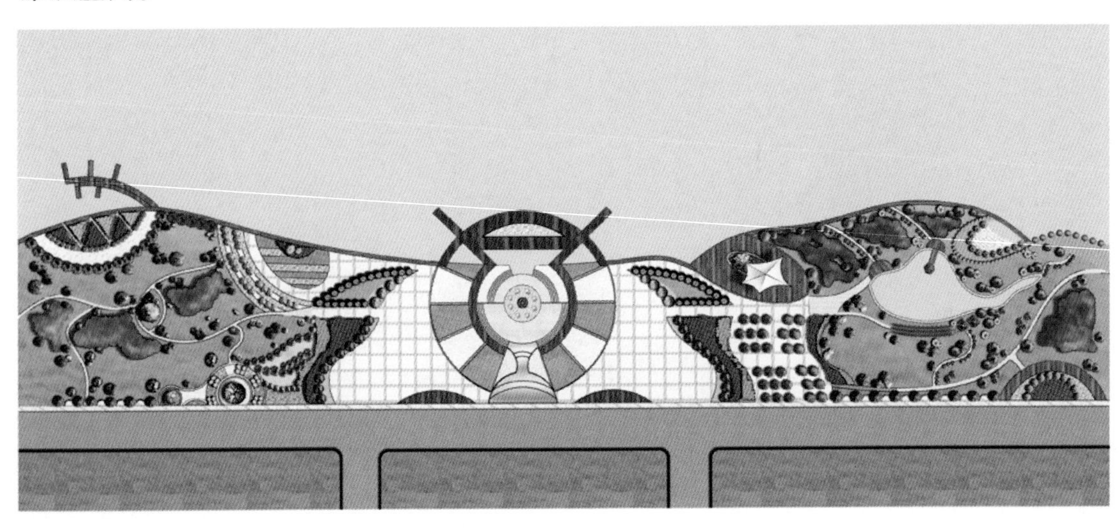

【实例分析 23】　此方案主要由亲水区、生态景观区、休闲娱乐区，开放式娱乐区和停车区等四个部分组成。所涉内容广泛，包含水陆交接地带和滨河（湖）湿地类。该滨水景观设计以经典的广场景观节点为主，水体贯穿其中，植物配置遵守自然规则且根据地形和气候来种植，以绿化布局为主，以成片的绿化景观营造滨水景观空间，重视季相植物的应用，使得四季有景可依。

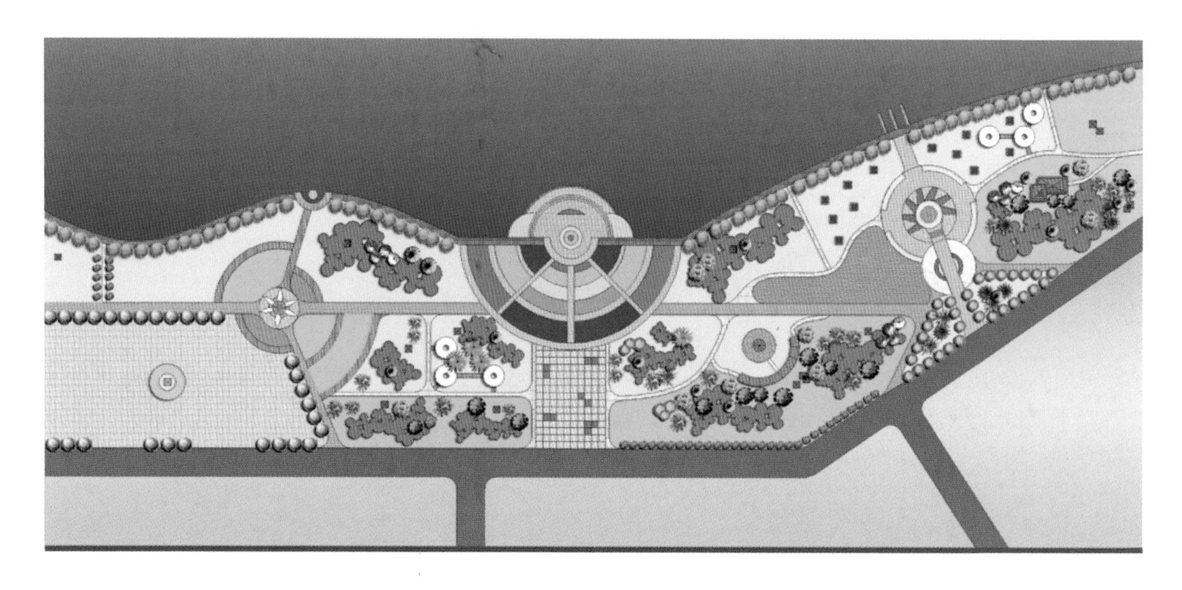

【实例分析 24】　此方案设计理念以圆为中心点，以木栈道贯穿各种大小不同的圆形节点，属对称式广场。广场本着以人为本的设计原则，无论是道路铺装还是公共环境小品设计均体现人性化。此外，该广场的植物配置充分运用植物的树形、花果、气味等自然特性，与整个环境相结合，由此实现和谐的自然美。

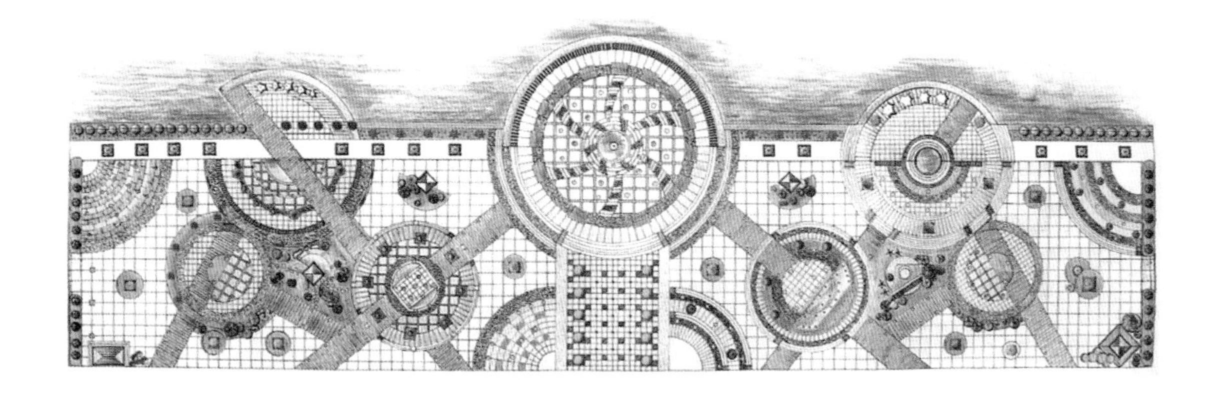

【实例分析 25】 此方案在设计上整体构图饱满，充满欢快的趣味。采用自由式手法。整个广场以自然的方式呈现在游客面前，没有过多的装饰铺装，但有铺装的地方多以高科技材料铺设，有强烈的吸引力。它将大自然与现代快速发展的时尚结合在一起，冲突中又相互融合，带来了许多童真与快乐。很好的营造出一个欢快的生态湿地休闲景观空间。

【实例分析 26】 此方案在构图上采用非对称的构图手法，中心明确、整体性强，在景观大道中设置大型标志性雕塑、使之成为此地段的地标，并且与所配置的植物相得益彰。在景观大道中设置多个圆形小广场。沿湖滨设置观景步行道，将水面与休闲绿地分开。使绿地免受湖水侵蚀。同时又贯穿整个园区。规划后的绿地，既保持太湖特有的自然景致，又成为具备观湖、度假、休闲、娱乐等多功能高品位的休闲度假胜地。

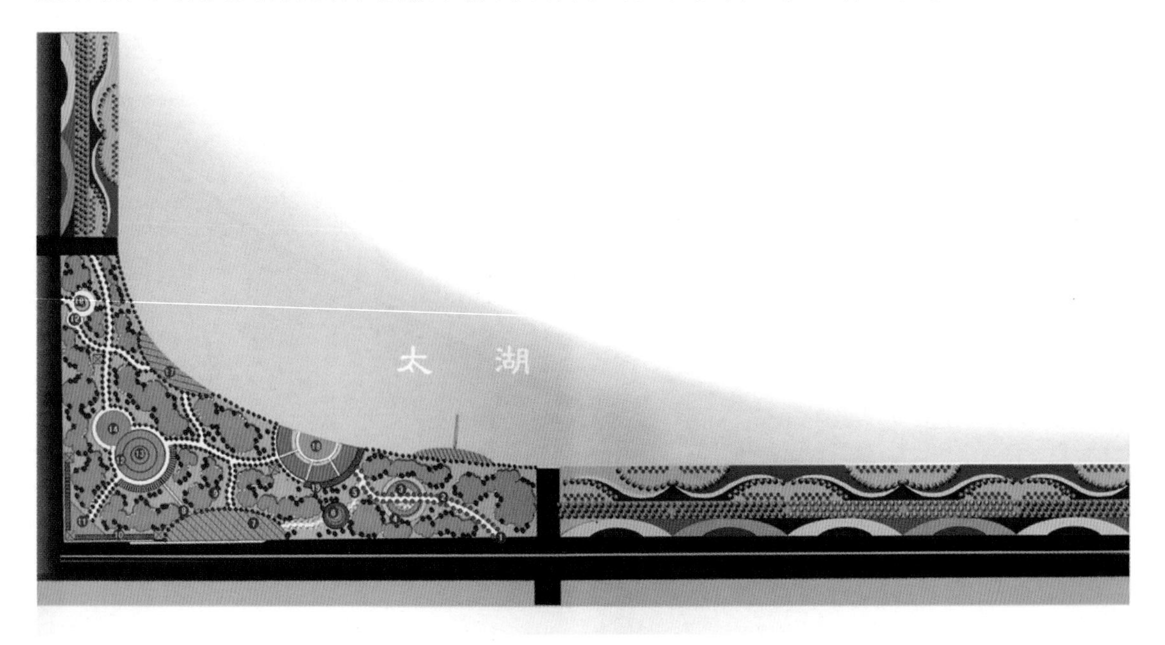

【实例分析 27】　该设计为某火车站广场滨水景观设计，大体分为：生活区、主广场区和休闲区。生活区设有电影院、餐饮区、书报亭等。为等候火车站的乘客提供了很好的去处。生活区与主广场之间有一条廊道，两端各有一座有中国古代气息的石拱门。主广场区中间有一大型水景直接与玄武湖水相连成为一个活水水景。水景左侧有一个音乐舞台四面有桥梁和汀步与主广场相连舞台周围设有旱喷。水景中部设有一个石柱喷水池，主广场与休闲之间有一大型绿化带。休闲区内以绿化、小品为主。为游人提供一个清新幽静的休闲空间。植物配置达到四季有绿、四季有花的景观效果。

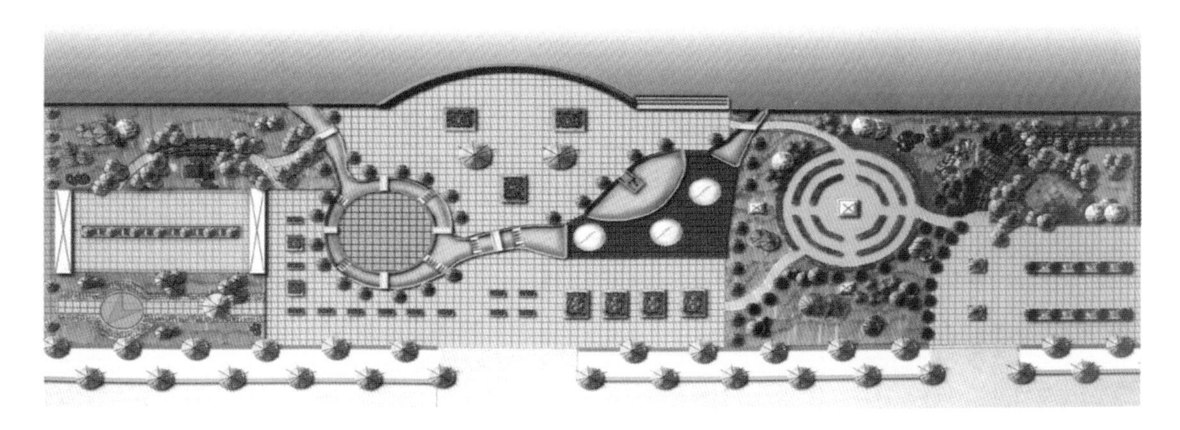

【实例分析 28】　该方案为某火车站站前广场滨水设计，此方案总体布局分区明确，功能合理、富有生气，把点、线、面恰到好处的结合使得画面充满动感张力。火车站站前广场是一个具备集散景观，人、车流集散及便捷的过境交通三方面功能。还具有交往与休闲功能，此外它还是人与自然、城市进行交流的场所。广场的景观环境，地上广场与地下空间相互交融。综合性能强。站前广场扩展引伸至湖边。使人们感受到火车站独特环境气氛。材料上，传统与新技术木材与不锈钢、玻璃与花岗岩交叉的应用形成鲜明的对比、组合，各具特色、生动活泼，体现出人文、科技与自然统一的空间环境。

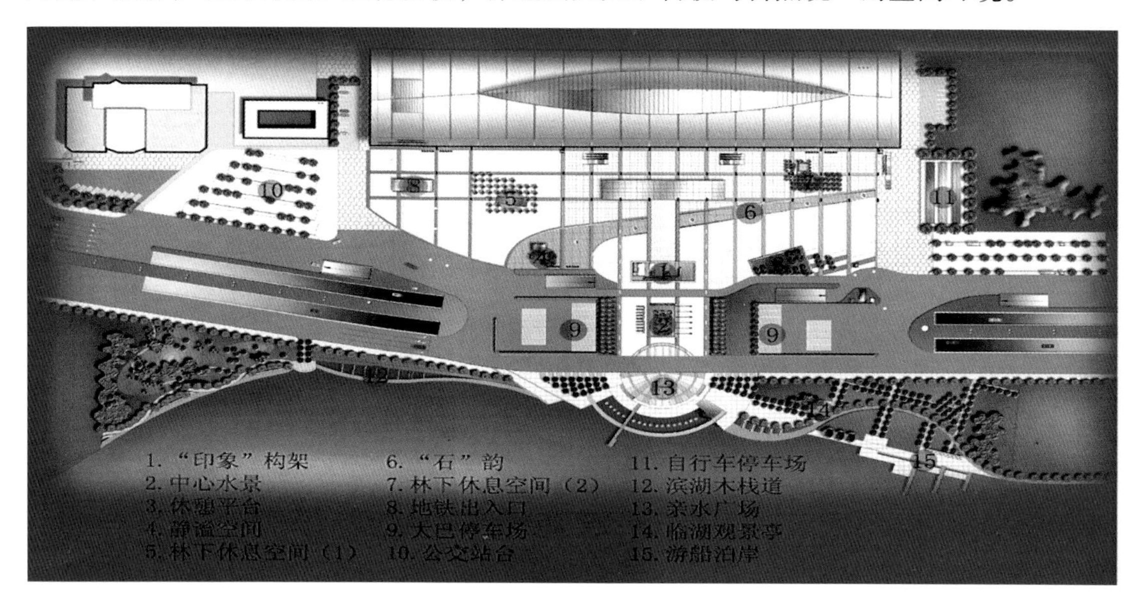

【实例分析 29】 此方案形式上来看，构图有主有次，采用突出中心景观，主次分明的设计手法。构图从河流的视觉景观形象出发，在河流空间中形成有一定观赏价值的景观物。主体景观设计极具形式美感，图案简洁大气，次要景观节点分布于广场两端，与中心广场相互呼应。在岸边的处理中提供更多位置能直接欣赏水景、接近水面，满足人们对水边散步、游戏等的要求。

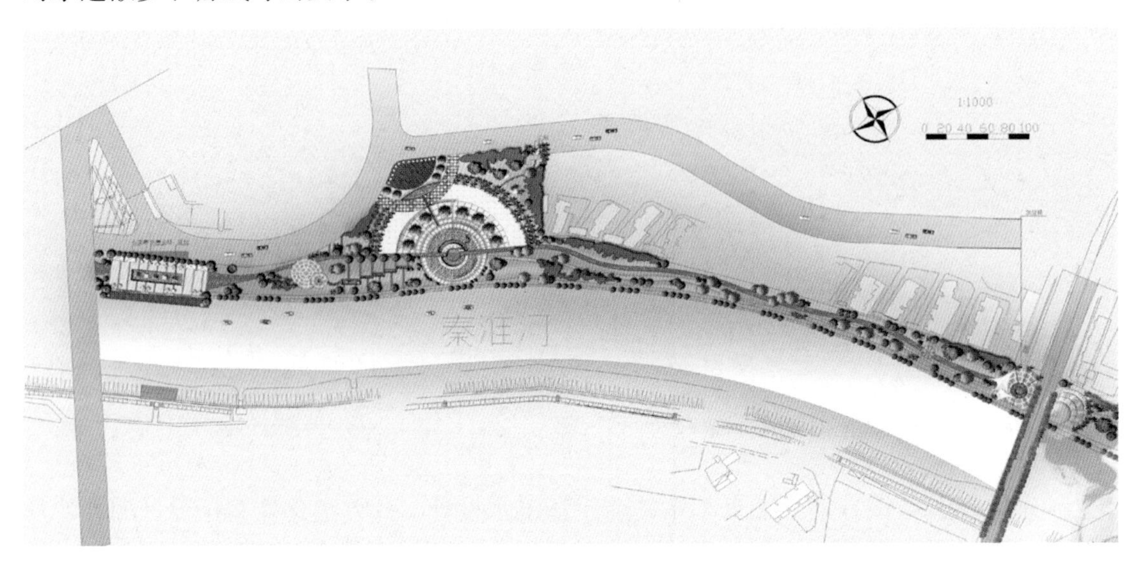

【实例分析 30】 此方案在整个设计中，本着生态性和人性化的原则，合理利用河流等原有景观元素，组织其内部的布局。在硬质景观设计中巧妙的在驳岸的形式、材质上做文章，形成动静结合、错落有致，自然与人工交融的水景，再辅以灯光、喷泉、绿化、栏杆等装饰，形成广场内多景观、多视线的标志景观。设计中将硬质的景观融入绿色生态的环境中，让人们在绿色的怀抱中忘却城市的喧闹，享受水边的宁静。

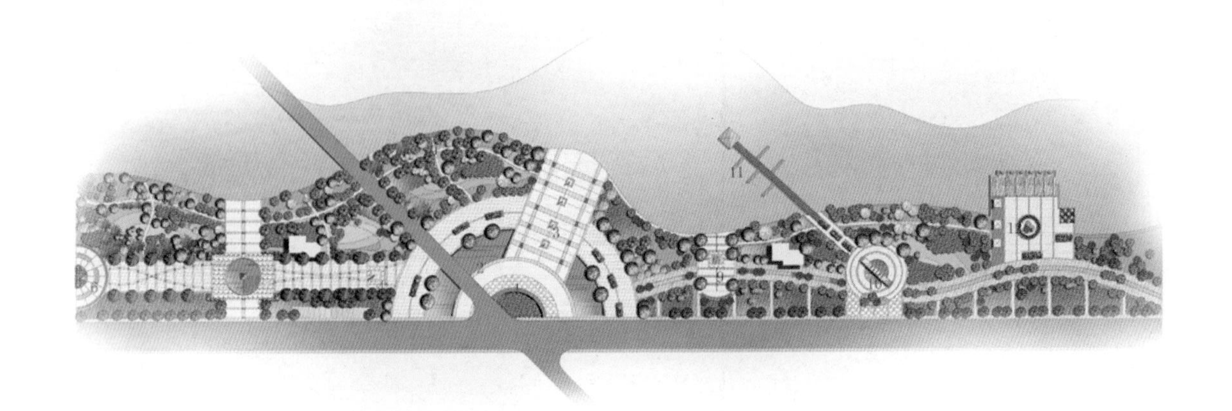

【实例分析 31】 此方案在整个设计中，构图主次分明，富有变化，采用圆形为主要构图元素，形成不同大小的圆形及半圆形的景观节点空间。运用曲线形的道路与景观中心相连，中心景观突出，整个方案条理清晰，主次相呼应具有节奏感。水岸的处理富有变化，种植的水生植物不仅美化了环境，还起到一定的生态效应。

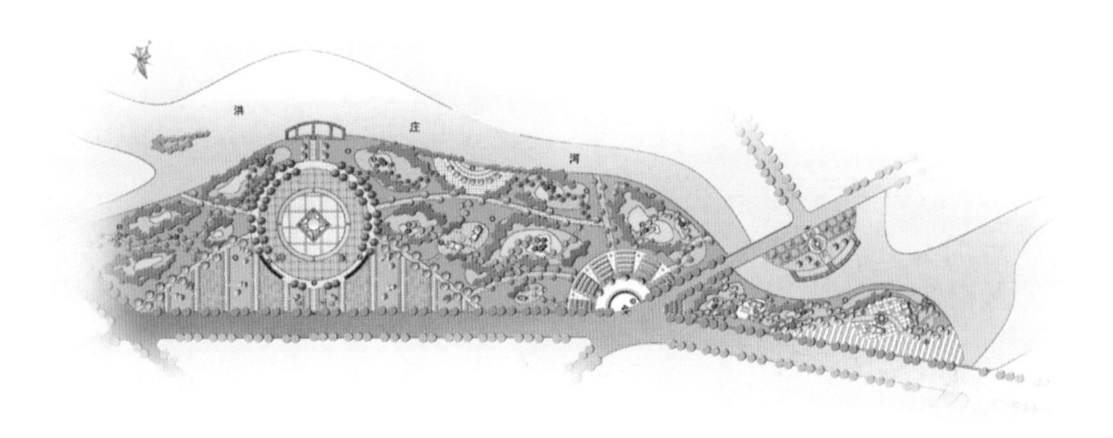

【实例分析 32】 此方案在整个设计中，采用自然式的布局形式，设计手法新颖，灵活运用椭圆及圆形等元素，将广场分为若干个不同功能的景区，营造了耳目一新的景观空间。设计中采用多种不同形式及材料的硬质铺装组合，丰富了整个广场的空间景观。设计中水面形式新颖，采用木栈道延伸到水面的手法，提供给游人更进一步的亲水空间，满足亲水性的需要。

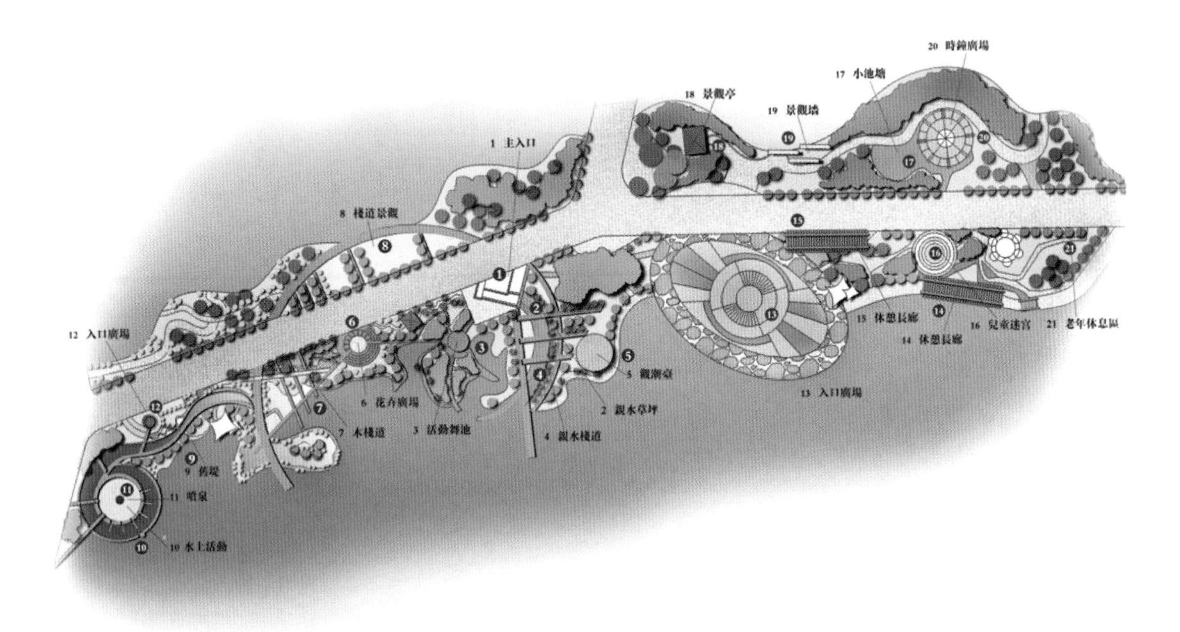

【实例分析 33】 此方案在整体规划上，采用自由式布局。具体看来，此方案交通路线流畅，将总体景观划分为五个区域，五个区域的景观各具特色及功能明确。在铺装上，体现出亲切与情趣的原则，在植物的配置上群植以模拟自然状态、用树荫统一场地，种植中层树充当低空屏障，用灌丛作为网状物和帘幕，在底层地面上种植低被植物，以保持水土，界定道路和利用区。

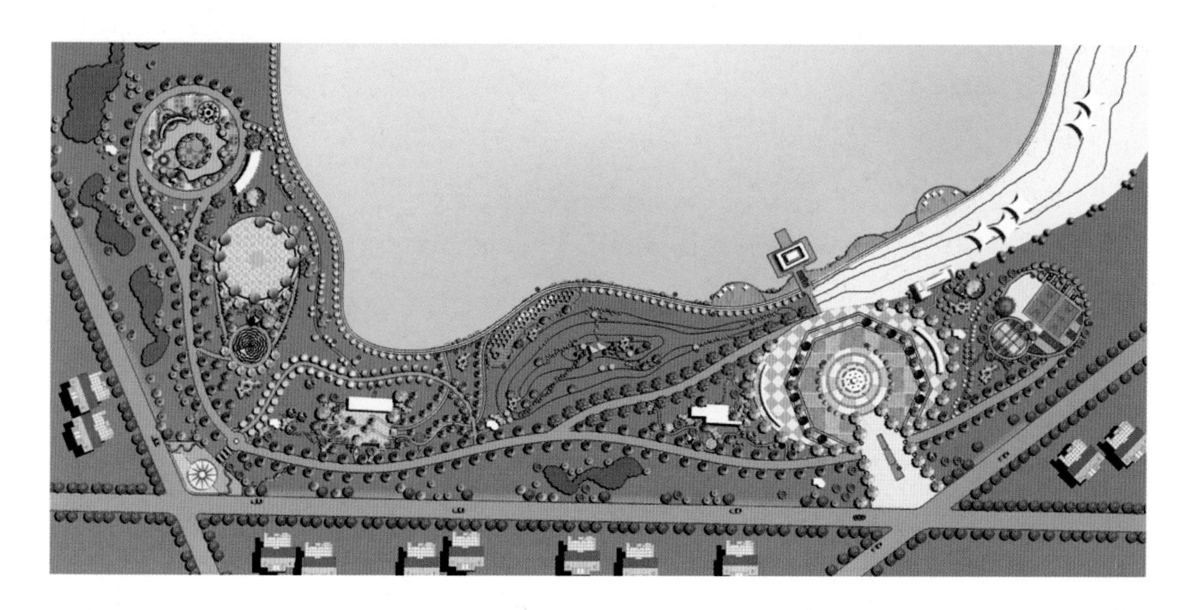

【实例分析 34】 此方案整体上采用自由式的布局方式，运用景点的设计将对称的地形紧密的连结起来，设计新颖，构图具有现代形式美感。本方案的规划设计理念，是将原来的交通运输、仓储码头、工厂企业转换到以文化旅游、生态居住为主的生态景园，在设计中充分发挥其蜿蜒开阔水体的形态优势，使临水的建筑物，绿化和公共空间的有机协调，在水岸线上创建多种多样的滨水活动空间，让游客亲近水、亲近自然，以创造出可持续的绿色生态环境。

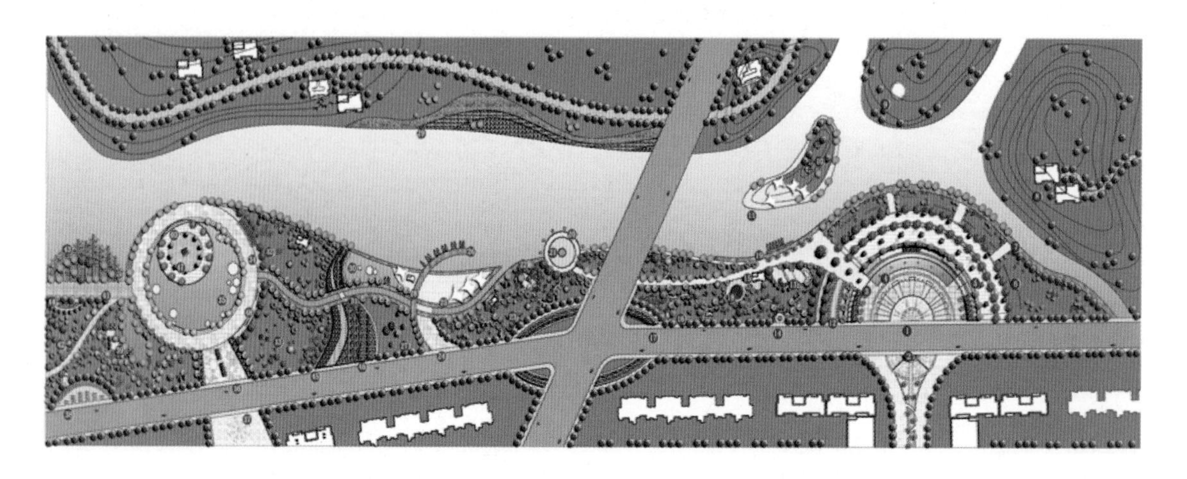

【实例分析35】　此方案构图上采用自由式的手法，结合太湖当地传统，营造出富有当地文化的现代型滨水景观。设计根据滨水景观的要求及当地地域的特点，所取植物材料，将乔、灌草本植物组合为一体，组成复合混交的植物群落，实现植物系统自我维持的功能，充分体现出景观的中的生态效应。采用生态性铺装设计，以耐久性、多孔渗水式的材料为主，确保不污染环境。

总平面图

【实例分析36】　此方案在构图上采用自由式的手法，设计形式较为简洁明快，线条流畅，注重了设计的变化性。功能分区合理且以适地适树为原则，结合滨水景观的需要进行植物配置。给景观带来许多生机与活力。水体与层次起伏的植被构成和谐的广场景观，廊架、亭子点缀期间，成为游人很好休憩的场所，营出一个很好的生态休闲的景观空间。

【实例分析 37】 此方案采用传统对称的形式，构图均衡，整体性强，功能分区明确，在设计时充分考虑到人们的亲水特性，在滨水植物带间设有多处亲水平台，并且还设有伸入湖中的木栈道和凉亭，让人们可以自由自在的与水接触。铺装景观在环境景观中占有极重要的地位与作用，是改善道路空间环境最有效、最直接的手段。方案中的铺装形式多样，使得道路具有较为丰富的肌理效果。

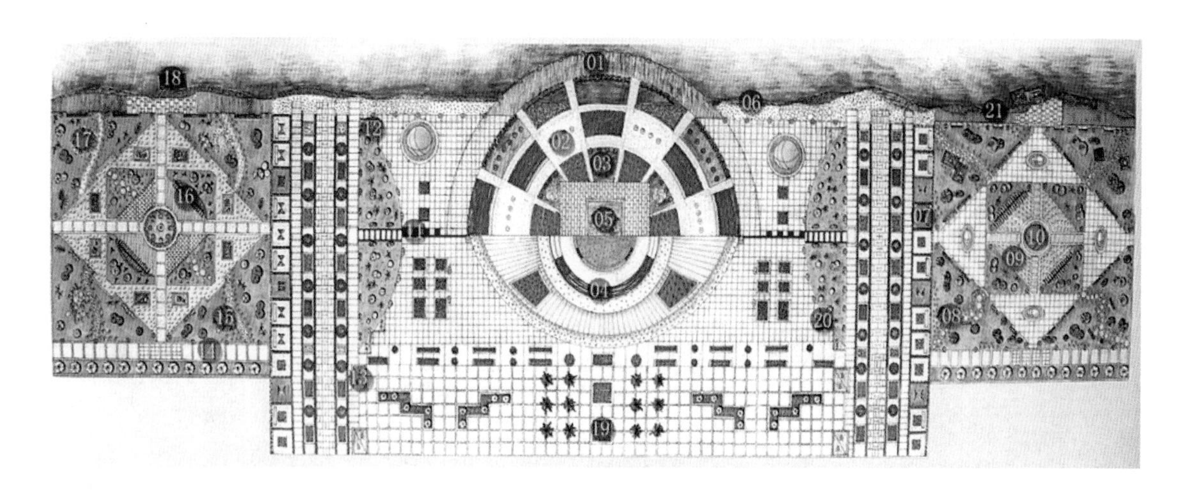

【实例分析 38】 此方案为某一商业区附近的滨水广场设计，北靠中心商务区，南临滨水。整个设计对称式布局，既协调统一又富有变化，强调传统与现代的对话，韵律感强、空间层次分明。中间是上沉式和下沉式相结合的主广场，滨水平台为大型时钟雕塑音乐喷泉广场，功能分区多样化，能满足不同人群的需求。植物配置强调季相变化，意在追求四时之景皆有美可赏，并以樱花贯穿整个广场，重点突出，各空间之间相互联系相互渗透，是一个极具特色的公共空间。

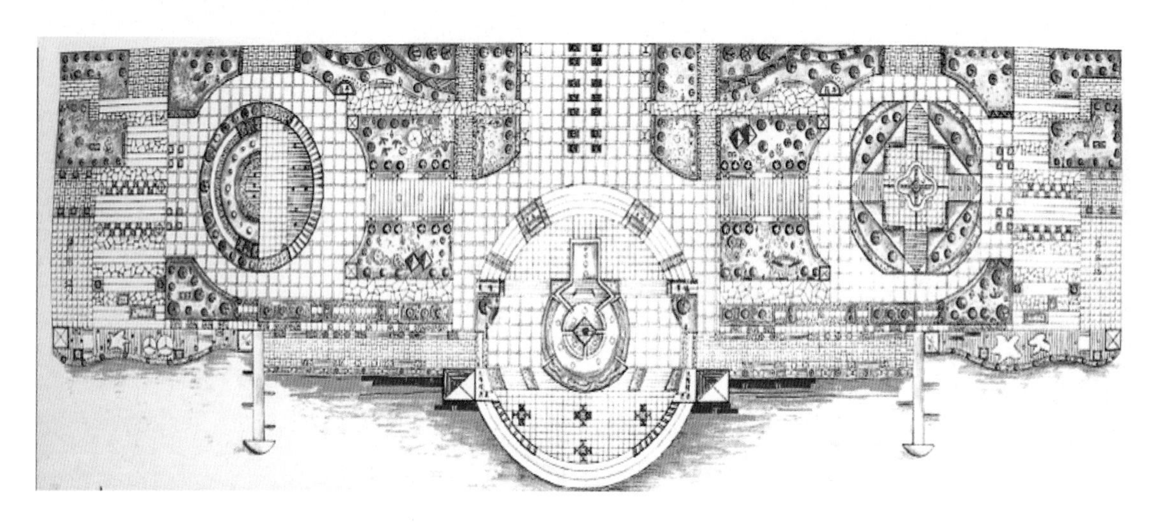

【实例分析 39】　该方案是某城市滨水公园景观设计。注重人与自然的和谐统一、局部与整体的有机联系、重点突出并且不失灵动多变。功能分区明确，集自然景观观赏、时尚文化体验、休闲娱乐餐饮、水文地理观测于一体，特色突出；注重生态，植物配置合理，道路铺装和谐统一，景观小品趣味盎然。发散式构图给人以大气自然的印象，是游人休闲娱乐的理想场所。

【实例分析 40】　此方案采用传统对称的形式，整体构图简洁、明快。设计时应用广场铺装与水景结合的方法。结合地形、因地制宜，在考虑生态性、文化性，娱乐性的同时，更注重舒适度的设计。本案中植物景观的设计较为独到，植物的种类众多，竖向层次富于变化，各入口的植物导向性强，整个广场植物的季相明显，形成四季有美景的特点。

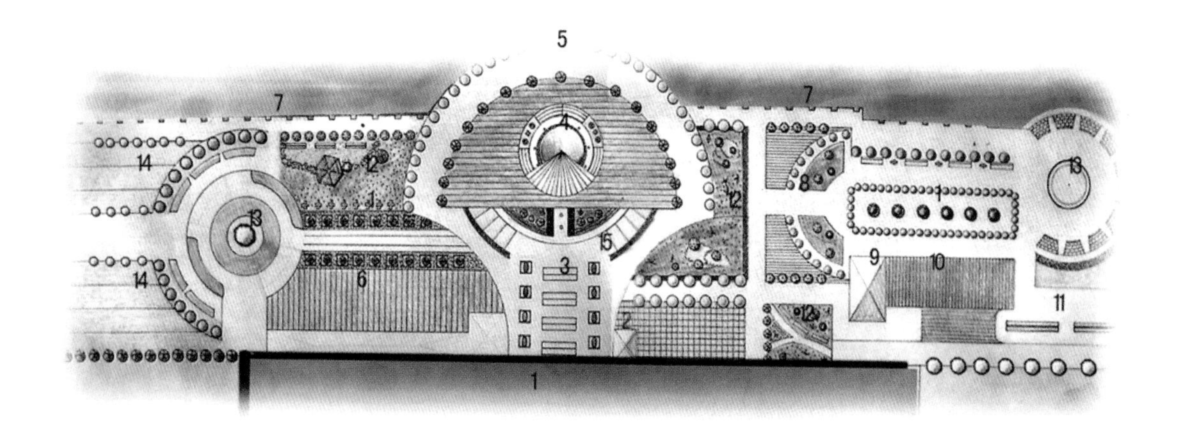

【实例分析 41】 此方案以南京火车站站前广场为改造对象，面临玄武湖，具备极佳生态造景条件。本设计以可持续发展为原则，树立以人为本的指导思想，力求建造人与自然和谐共存的自然生态环境，广场按结构功能分为四个区域：以中央广场为主体，北、西、东三方设置不同风格景区，中西结合、功能分明，秉承民族传统文化精髓、吸纳西洋园林景观精华，是一个具有极佳生态景观效果，为市民提供休闲娱乐功能的绿色空间。

【实例分析 42】 此方案形式上看，该滨水景观设计方案力求自然形式，整体性很强；曲线的运用非常灵活，整体构图轻松活泼。功能方面来看，道路系统和硬质铺装的设置中充分考虑到了人的活动需要，在主要的景致前面设置面积较大的小广场和木质铺装。从视觉分析角度来说，尽量满足视线与水体的结合，使场地中尽量多的区域能够从视觉上受到水景的影响。

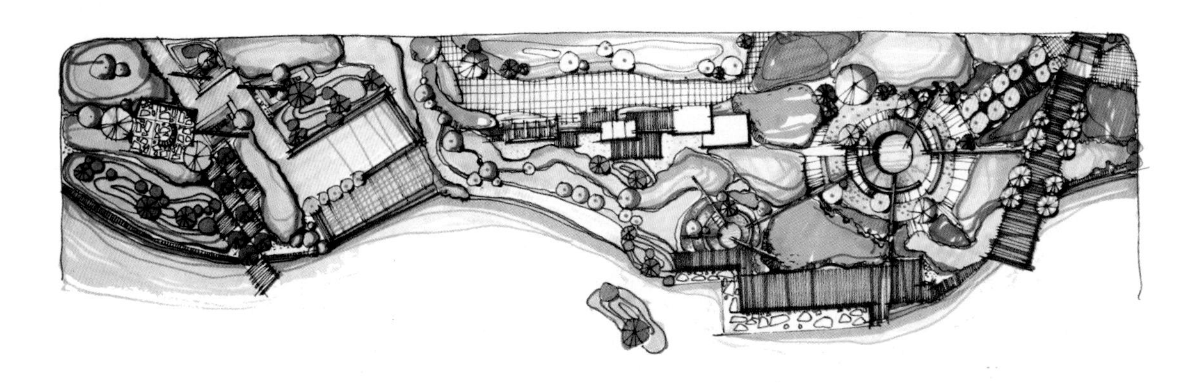

【实例分析 43】　此方案采用对称式的布局，以圆形为主。主入口处三角形的广场将视线引向开阔的水岸。横贯广场的主道路将主广场与两个次入口和两个次广场连接起来。在铺装设计上，材料使用灵活丰富，色彩和图案也富有变化。

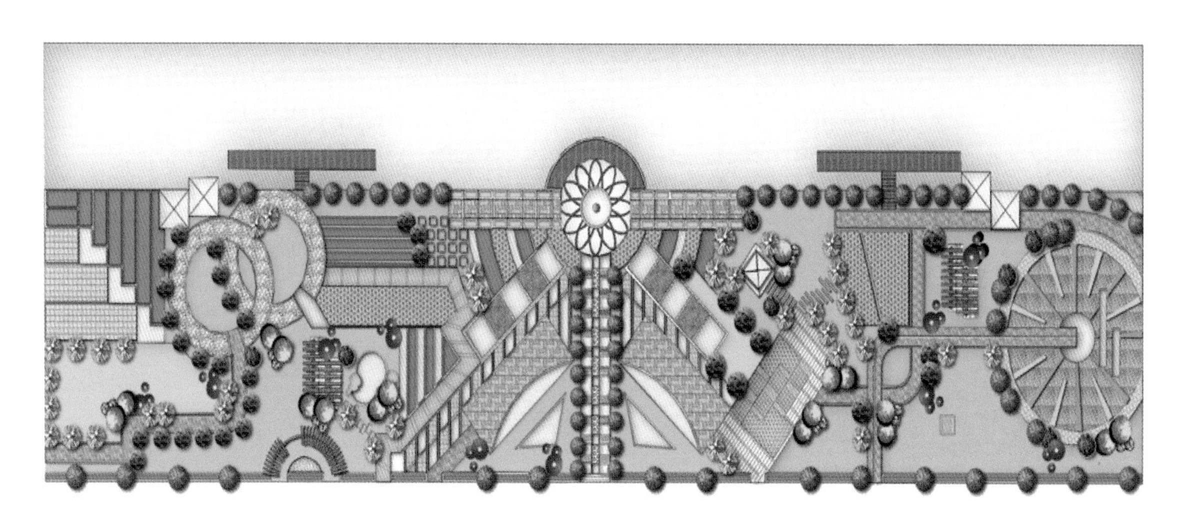

【实例分析 44】　南京火车站东伊紫金山，南傍玄武湖，周边自然景观资源丰富，是我国铁路枢纽主要客运站之一，同时也是南京主要交通集散地。该规划方案以原生湖滨丰富景观为基底，注重整体性、系统性、人文性的规划原则，强调与建筑环境相协调，主次分明、特色突出。

总体以对称式布局，呈现怀抱水体的吉祥意向。合理组织人流交通，在湖滨沿线布置舒适木栈道，使旅客和市民尽情享受湖光山色；在过渡性区域设置观景平台，方便人们交流，并使湖面与陆地有机结合，达到人与自然和谐统一的境界。

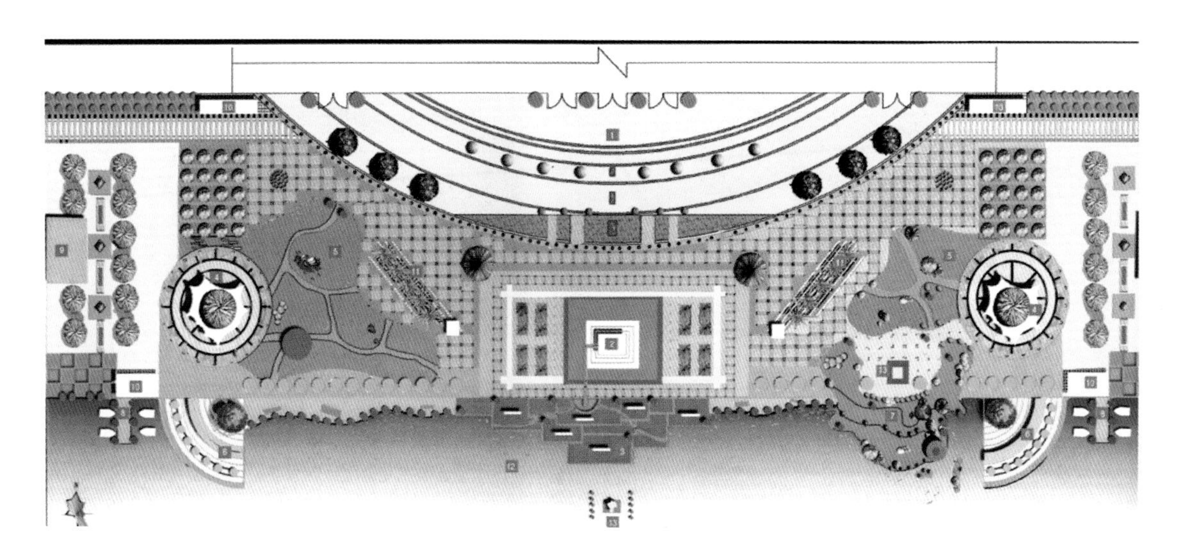

【实例分析45】 该方案的特点在于运用环境景观的基本元素，在充分把握场地精神与文脉的基础之上，注重景观形态对使用者心理感受的影响。从整体规划的角度进行设计，将各个部分融合在一起。方案的构思特色在于能够对场地中的现有自然条件和人文元素进行综合考虑，协调各方关系，从而达到人性化、高品质和简约性的设计目标。

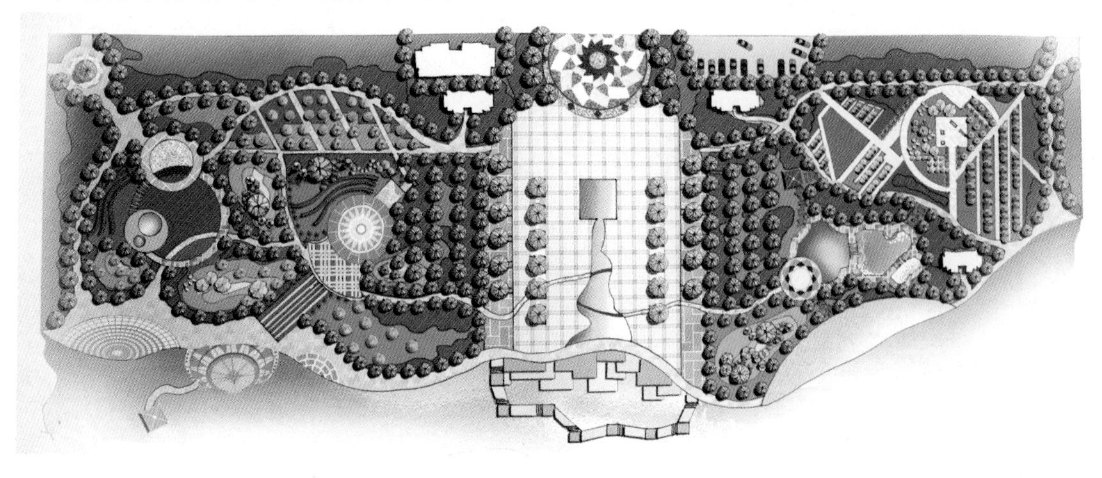

【实例分析46】 本设计方案为某城市滨水广场的景观设计，广场南面临水。在设计过程中，本着以人为本，因地制宜，改善城市环境的目的，维护城市内在的空间品质，营造生态和谐型城市滨水景观体系。具体设计过程中，运用面积较小的水系将整个场地串联起来，道路顺水势形成自由的曲线，灵动而整体，营造出兼具生态和艺术性的滨水景观。

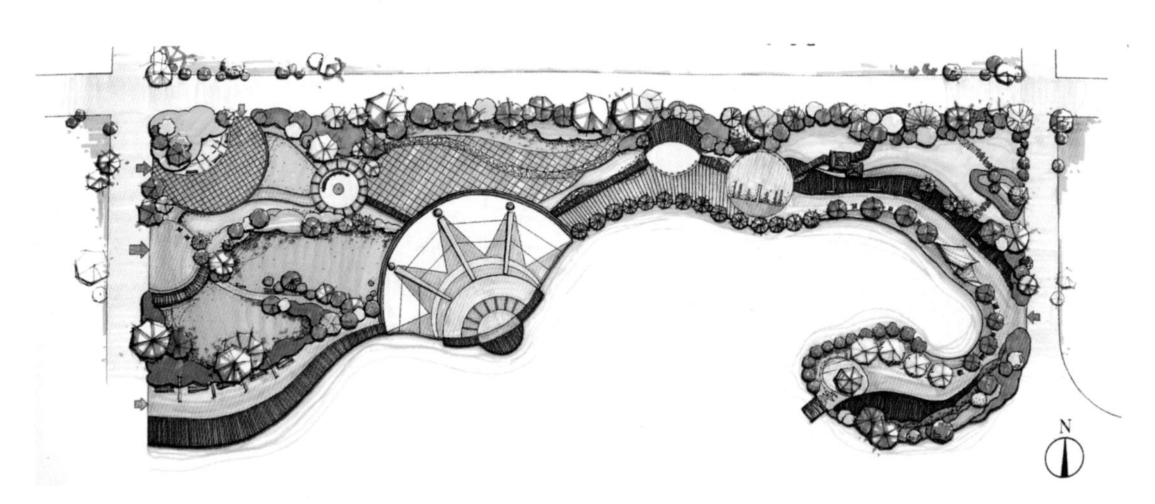

参考文献

1. ［日］土木学会编，章俊华等译. 道路景观设计. 北京：中国建筑工业出版社，2003
2. 俞孔坚. 景观、文化与生态. 北京：北京科学出版社，1998
3. 苏雪痕. 植物造景. 北京：中国林业出版社，1994
4. 张家骥. 园冶全释. 太原：山西古籍出版社，2002
5. 杨静. 建筑材料与人居环境. 北京：清华大学出版社，2001
6. 王晓俊. 西方现代园林设计. 南京：东南大学出版社，2000
7. 俞孔坚. 理想景观探源:风水与理想景观的文化意义. 北京：商务印书馆，1998
8. 俞孔坚. 景观：文化，生态与感知. 北京：科学出版社，1998
9. 尚郭. 生态环境与景观. 天津大学学报增刊，1989
10. 王向荣，林箐. 西方现代景观设计的理论与实践. 北京：中国建筑工业出版社，2002
11. ［英］Paul Cooper，刘林海译，新技术庭园. 贵阳：贵州科学技术出版社，2002
12. 俞孔坚，李迪华. 城市景观之路——与市长们交流. 北京：中国建筑工业出版社，2003
13. 何依. 中国当代小城镇规划精品集. 北京：中国建筑工业出版社，2003年3月
14. 牛慧恩. 城市中心广场主导功能的演变给我们的启示. 城市规划，2002 (1) 35~37
15. 黄文宪. 现代实际基础教材丛书——景观设计. 南宁：广西美术出版社，2003
16. 俞孔坚，石颖，郭选昌. 设计源于解读地域、历史和生活——都江堰广场. 建筑学报，2003 (9) 46~49
17. 吕明伟. 园林艺术中的植物景观配置. 山东绿化，2000，（2）31~32
18. 韩丽雅. 廊坊市道路绿化建设现状及思考. 河北林果研究，2003 (01)
19. 丁铭绩. 浅谈城市道路绿化设计. 科技情报开发与经济，2003（12）
20. 沈清基. 城市生态与城市环境. 上海：同济大学出版社，1998
21. 刘库，李河. 浅谈城市道路绿化树种的设计与选择. 防护林科技，2002（03）
22. 何渝生. 汽车噪声控制. 北京：机械工业出版社，1995
23. 曲格平. 中国的环境与发展. 北京：中国环境科学出版社，1992年
24. 郑西平. 北京市道路绿化现状及发展趋势的探讨. 中国园林，2001（01）
25. 刘祥平. 试论现代道路绿化要点. 天津农学院学报，2001年04期
26. 和丕壮. 道路绿化工程的景观设计. 长安大学学报（自然科学版），1999（01）
27. 张坤民. 可持续发展论. 北京：中国环境科学出版社，1997年
28. 刘树坤. 水利建设中的景观和水文化. 水利水电技术，2003，34（1）：30~32
29. 靳怀春. 中华文化与水（上、下）. 武汉：长江出版社，2005
30. 李宗新编著. 水文化文稿——对中华水文化的求索. 呼和浩特：远方出版社，2002
31. 汪德华. 试论水文化与城市规划的关系. 城市规划汇刊，29~36
32. 汪德华. 中国山水文化与城市规划. 南京：东南大学出版社，2002
33. 陈杰. 水文化建设研究初探. 城市规划，2003（9）：84~86

34. 王晓燕. 城市夜景观规划与设计. 南京：东南大学出版社，2000
35. 李铁楠. 景观照明的创意和设计. 北京：机械工业出版社，2004
36. 尹安石. 现代城市景观设计. 北京：中国林业出版社，2006
37. 干哲新. 浅谈水滨开发的几个问题. 城市规划，1998，（2）：42~45
38. 郭红雨. 城市滨水景观设计研究. 华中建筑，1998，（3）：75~77
39. 韩勇. 城市广场与城市空间结构初探. 安徽建筑，2001，5
40. 周晓娟，彭峰. 论城市滨水区景观的塑造. 规划师，2002，（3）：37~41
41. 张庭伟，冯晖，彭治权. 城市滨水区设计与开发. 上海：同济大学出版社，2002.
42. 孙逸增译. 滨水景观设计. 大连：大连理工大学出版社，2002.
43. 唐勇. 城市开放空间规划与设计. 规划师，2002，（10）：21~27

结束语

自改革开放以来，随着社会经济的快速发展，我国城市建设如火如荼，尤其近一二十年来，城市滨水地区更成为城市建设的热点。水是生命之源，人类对水的依赖渗透于生存需要、经济发展、艺术创造和宗教信仰等各个方面。而河流向来被看作是碧水和绿色的空间,其本来的面目应该是清澈的流水和水边丰富的景观。城市滨水区作为城市中人类活动与自然过程共同作用最为强烈的地带之一，在整个景观学各类设计中无疑是最综合、最复杂，也是最富有挑战性的一类，其规划涉及多学科、多方面的问题，要求设计人员以综合的视角、进行多目标的规划设计。

城市水系是城市的“血脉”，它为城市居民提供了全部用水的保障，同时对于防洪、排涝、调节气候和改善城市环境也有重要作用。不仅如此，城市水系是城市灵魂和历史文化之载体，是城市风云和灵气之所在，城市滨水区往往是城市文明的发源地，更是今天城市居民精神寄托的空间场所。现代城市滨水景观的设计充分体现了城市或城市区域的自然环境特色，体现城市空间特征，形成城市特有的面貌。滨水区是一个释放自我、亲近自然的场所，最能引起城市居民兴趣的地方，因为“滨（沿）水地带”对于人类有着一种内在的、与生俱来的持久吸引力，随着城市滨水区运输功能的减弱，滨水区对于城市公共休闲空间的建构起到了重要的作用。正如查尔斯·摩尔曾经这样描述：“滨水地区是一个城市非常珍贵的资源，也是对城市发展富有挑战性的一个机会，它使人们逃离拥挤的、压力锅式的城市生活的机会，也是人们在城市生活中获得呼吸清新空气的疆界的机会。”可见，滨水景观是城市社会百态的缩影。

对于城市滨水景观的营造，景观设计师们应充分利用自然资源，把人工建造的环境和当地的自然环境融为一体，增强人与自然的可达性和亲密性，使自然开放空间对于城市、环境的调节作用越来越重要，为城市提供真正有效的“氧气库”和舒适、健康的外部休憩空间，使高效、紧凑的城市空间与自然环境形成一种共生关系，最终形成一个科学、合理、健康而完美的城市格局。

经过近一年的时间，本书终于在大家的努力下顺利完成。在此由衷地感激这一年来对该书支持的朋友们，更感激那些对此书提出宝贵意见的人们。这本书在综合、借鉴资深设计师、专家观点的同时，也提出了自己对当前我国滨水区建设的一些观点。通过多种途径，如翻阅资料、网上论坛等，对某些已被证实的论点做进一步的补充。由于能力有限，所提论点、论据略有不足，望见谅。